▷ 中国石漠化治理丛书

国家林业和草原局石漠化监测中心 ▣ 主审

HUNAN ROCKY DESERTIFICATION

湖南石漠化

康江华　周诗捷　但新球　吴照柏
卢 立 彭 海 赵 单 王 菲 ▣ 主编

中国林业出版社
·北京·

图书在版编目（CIP）数据

湖南石漠化 / 康江华等主编 .-- 北京：中国林业出版社 ,2020.8
（中国石漠化治理丛书）

ISBN 978-7-5219-0512-0

Ⅰ.①湖… Ⅱ.①康… Ⅲ.①沙漠化—沙漠治理—研究—湖南 Ⅳ.
① S288

中国版本图书馆 CIP 数据核字 (2020) 第 157622 号

中国林业出版社
责任编辑：李　顺　陈　慧　薛瑞琦
出版咨询：（010）83143569

出版：中国林业出版社（100009 北京西城区德内大街刘海胡同 7 号）
网站：http://www.forestry.gov.cn/lycb.html
印刷：北京博海升彩色印刷有限公司
发行：中国林业出版社
电话：（010）83143500
版次：2020 年 8 月第 1 版
印次：2020 年 11 月第 1 次
开本：787mm×1092mm　1 ／ 16
印张：13
字数：300 千字
定价：198.00 元

《湖南石漠化》编写委员会

主　　任：胡长清

副 主 任：胡　锋　颜子仪　吴协保　侯燕南　王福生

主　　编：康江华　周诗捷　但新球　吴照柏　卢　立

　　　　　彭　海　赵　单　王　菲

编　　委：康江华　周诗捷　但新球　卢　立　彭　海　赵　单　甘静静

　　　　　王　菲　康庆云　张　慧　李祖实　邓德明　陈光辉　赵克金

　　　　　吴会平　许永恒　杨海军　冯　超　蒋　欣　汪　丽　夏诗禹

　　　　　胡道连　周根苗　邱春洪　宋良友　陈　熙　龙志城　李丽华

　　　　　李志华　管远保　刘大逵　常文辉　龙　维　吴晟扬　李春晖

　　　　　屈术群　魏德福　黄万里　曾昭军　何　沙　肖甲云　张开福

　　　　　向剑锋　夏本安　全　平　杨　文　贺良光　樊敬乐　暨诚欣

　　　　　罗　鑫　邓长宁　吴玉洁　贺　庆　周建军

地图编绘：吴照柏　周诗捷

数据核审：吴照柏　康江华

前　言

党和国家对于荒漠化问题高度重视，党的十八大报告中明确提出"要实施重大生态修复工程，增强生态产品生产能力，推进荒漠化、石漠化、水土流失综合治理"，表明石漠化综合治理在国家层面定位为重大生态修复工程。习近平总书记在致第六届库布其国际沙漠论坛的贺信中强调"荒漠化是全球共同面临的严峻挑战。荒漠化防治是人类功在当代、利在千秋的伟大事业。中国历来高度重视荒漠化防治工作，取得了显著成就，为推进美丽中国建设作出了积极贡献，为国际社会治理生态环境提供了中国经验。"湖南地处长江中游，土地总面积21.18万 km²，素有"七山一水两分田"之称，是全国南方重点林区省份之一。全省森林资源丰富，森林类型多样。湖南省委省政府十分重视林业和生态建设，把"保持湖南青山绿水，提高森林覆盖率"作为建设绿色湖南的重要指标之一。而荒漠化问题是湖南省在建设幸福美丽新湖南进程中的绊脚石和拦路虎，湖南省的荒漠化问题中威胁最大的就是石漠化问题。知己知彼而百战百胜，只有定期掌握石漠化土地现状及动态变化信息，才能更好地为湖南省和各地制定石漠化防治措施、编制综合治理规划、加快石漠化土地生态修复、改善区域环境、推进生态文明建设、实现区域可持续发展和秀美湖南提供基础数据资料。

为全面了解和掌握湖南省岩溶地区石漠化土地现状和动态变化规律，以及今后编制石漠化综合治理规划，以实现林业和社会经济的可持续发展。根据国家林业局《关于开展西南岩溶地区石漠化监测工作的通知》，湖南省于2005年开展了岩溶地区石漠化第一次监测工作，2008年编制了《湖南省岩溶地区石漠化综合治理规划（2008—2015年）》，慈利、桑植、永顺、安化、新邵5个县于同年开始了岩溶地区石漠化综合治理试点。2011年，湖南省岩溶地区石漠化综合治理县扩大到15个县（市、区），随着国家对石漠化综合治理投入的加大，石漠化地区的综合治理取得了初步成效。同年根据国家林业局《关于开展岩溶地区第二次石漠化监测工作的通知》（林沙发〔2011〕56号），湖南省林业厅又组织开展了全省第二次岩溶地区石漠化监测工作。

2016年国家林业局印发《关于开展岩溶地区第三次石漠化监测工作的通知》（林沙发〔2016〕41号）布置了第三次石漠化监测工作，湖南省及时启动了第三次石漠化监测工作。于2016年4月成立了以厅领导为组长，厅业务处室和湖南省林业调查规划设计院主要负责同志为成员的第三次石漠化监测工作领导小组，负责全省石漠化监测的组织、领导和协调工作。同年6月份完成了工作方案、实施细则和技术规定的编写，10月下旬至11月初省级技术培训后全省83个监测县全面铺开外业调查。第三次外业调查工作涉及监测乡（镇、场）1049个，共调查岩溶区面积549.64万 hm^2，调查小班763241个，拍摄照片23000张。根据第三次监测结果，湖南省岩溶区总面积549.64万 hm^2，占全省土地总面积的25.95%。其中石漠化土地面积125.14万 hm^2，潜在石漠化土地面积163.37万 hm^2，非石漠化土地面积261.13万 hm^2。与2011年监测结果相比，全省在岩溶区面积基本不变的情况下，石漠化土地面积减少17.93万 hm^2，减幅为12.53%；潜在石漠化土地增加6.95万 hm^2，增幅为4.45%；非石漠化土地增加11.15万 hm^2，增幅为4.46%。在岩溶土地中，顺向演变类（明显改善型、轻微改善型）面积25.46万 hm^2、占4.65%，稳定类（稳定型）面积515.64万 hm^2、占94.17%，逆向演变类（退化加剧型、退化严重加剧型）面积6.46万 hm^2、占1.18%。从监测数据可以看出湖南省石漠化土地的演变已呈现纺锤型的稳定结构，石漠化土地经过多年治理已经逐步稳定下来。在现有情况下，除非有自然因素或人为因素的大力扰动，在保持治理的情况下大面积进一步的恶化已难以发生，但从另外一方面也说明对石漠化土地的治理已进入瓶颈期，按现有的治理力度和投资来看，石漠化土地的顺向演替不会发生大跨步式的变化，所以，应当继续加大投入力度、坚持治理，从而顺利通过治理的瓶颈期，使湖南省的石漠化土地状况发生大的改变。

《湖南石漠化》以湖南省三次石漠化监测成果为基础，系统描述了湖南省岩溶区域基本情况，全面介绍了石漠化现状、危害与治理。通过对比三期石漠化监测数据，分析了动态变化情况及原因，总结了石漠化治理情况，对石漠化治理的典型案例和模式进行了系统归纳，展示了当前湖南石漠化研究的最新科研成果。本书内容丰富、数据翔实，应能为湖南省岩溶区石漠化管理决策、法规政策制定、综合治理提供科学依据，也将是有关人员关注和了解湖南石漠化的工具书，同时可以作为对石漠化防治、规划设计和科学研究等方面有兴趣的人士和大专院校师生等的读物和参考书目。

《湖南石漠化》编委会

2020年5月

目 录

第一章 基本情况

岩溶地貌又称喀斯特地貌（Karst Landform），是指石灰岩受水的溶蚀作用和伴随的机械作用形成各种地貌，可以概括为以岩石化学溶解作用为主的地质作用及其结果现象的总体[1]。水对可溶性岩石所进行的作用，统称为喀斯特作用。它以溶蚀作用为主，还包括流水的冲蚀、潜蚀以及坍陷等机械侵蚀过程。这种作用及其产生的现象统称为喀斯特。中国西南地区是我国喀斯特分布的典型地区，由于脆弱的地质条件和不合理的人为干预，致使土地植被消失，基岩逐步裸露，土地发生退化，我国学者称这一现象为土地石漠化[2]。石漠化是土地退化的极端现象，发生石漠化的地区生态环境稳定性差、敏感性强、抗灾能力弱、易遭受破坏而难于恢复，生态环境呈恶化趋势，给当地经济可持续发展和人民的生存带来了极大挑战[3]。湖南省岩溶区域广阔、土地石漠化问题突出，湖南省第三次石漠化监测结果显示：全省122个县（市、区）中共有83个县（市、区）有岩溶土地分布，其中82个县（市、区）的岩溶土地上发生了石漠化；全省岩溶区域占全省土地总面积的25.95%，石漠化发生面积占全省土地总面积的5.91%，表明土地石漠化是湖南的重点生态问题之一。

第一节 自然概况

一、地理位置

湖南省位于长江中游南岸，南岭以北，介于东经108°47′~114°15′，北纬24°38′~30°08′之间。东接江西，南连广东、广西，西邻贵州、重庆，北与湖北接壤。东西宽667km，南北长774km，土地总面积21.18万km²，占全国总面积2.2%，居全国第11位。全省共有83个县（市、区）有岩溶土地分布，主要集中在湖南的南部、中部和西北部。

二、地势地貌

湖南省地处云贵高原向江南丘陵和南岭山脉向江汉平原过渡的地带。在全国总地势、地貌轮廓中，属自西向东呈梯级降低的云贵高原东延部分和东南山丘转折线南端。东面有山脉与江西相隔，主要是幕阜山脉、连云山脉、九岭山脉、武功山脉、万洋山脉和诸广山脉等。山脉自北东西南走向，呈雁行排列，海拔大都在1000m以上。南面是由大庾、骑田、萌渚、都庞和越城诸岭组成的五岭山脉（南岭山脉），山脉为北东南西走向，山体大体为东西向，海拔大都在1000 m以上。西面有北东南西走向的雪峰武陵山脉，跨地广阔，山势雄伟，成为湖南省东西自然景观的分野。北段海拔500~1500 m，南段海拔1000~1500 m。湘中大部分为断续红岩盆地、灰岩盆地及丘陵、阶地，海拔在500 m以下。北部是全省地势最低、最平坦的洞庭湖平原，海拔大多在50 m以下；临谷花州，海拔仅23 m，是省内最低点。因此，湖南省的地貌轮廓是东、南、西三面环山，中部丘岗起伏，北部湖盆平原展开，沃野千里，形成了朝东北开口的不对称马蹄形地形。全省地貌类型多样，有中山、低山、丘陵、岗地、盆地和平原。

据地貌形态特征的区域性差异和分布状况，以及成因类型的不同，全省可大致划分为6个地貌区域。

① 湘西北褶皱侵蚀—溶蚀山原地区：位于湖南西北部，主要由碳酸盐岩构成，属云贵高原东北部边缘地带，具山原地貌特征。山体高大，山势雄伟，山顶呈多级剥夷面，四周峡谷深切，边坡悬崖陡壁。

② 湘西断褶侵蚀—剥蚀山地区：分布于雪峰山脉及沅陵、麻阳一带，地貌形态上除中、低山外，尚有山间盆地的丘陵谷地。盆地丘陵低山多为红层及部分碳酸盐岩构成，岩溶地貌景观典型。

③ 湘南断褶侵蚀—溶蚀山地丘陵区：分布于湘南地区，由碳酸盐岩为主构成的丘陵坡地分布较广，常为岭间盆地谷地地貌，岩溶地貌景观极为典型，部分地段发育成峰林平原或孤峰平原岩溶地貌。

④ 湘中断褶剥蚀—溶蚀丘陵区：位于湘中一带，其西部以碳酸盐岩组成的溶蚀丘陵为主，东部则为红层及碎屑岩等构成的剥蚀丘陵为主，并构成一些红层盆地。

⑤ 湘东断褶侵蚀—剥蚀山丘区：位于湖南东部，由浅变质岩和岩浆岩构成中、低山地貌和红层构成的岭间谷地丘陵地貌。

⑥ 湘北洞庭湖拗陷盆地堆积平原区：位于湘北，为第四系松散层堆积而成。

湖南省岩溶土地主要集中在湘西北褶皱侵蚀—溶蚀山原地区、湘西断褶侵蚀—剥蚀山地区、湘南断褶侵蚀—溶蚀山地丘陵区、湘中断褶剥蚀—溶蚀丘陵区4个地貌区域中，其中以湘西北褶皱侵蚀—溶蚀山原地区和湘中断褶剥蚀—溶蚀丘陵区2个地貌最为集中，土地石漠化发生率最高。

三、气　候

湖南省属亚热带季风气候，四季分明，光热充足，降水丰沛，雨热同期，气候条件比较优越。湖南省冬季寒冷，春季温暖，夏季炎热，秋季凉爽，四季变化较为明显。因处于东亚季风气候区的西侧，加之省境距海洋较远，且境内山脉多呈东北至西南走向，导致湖南气候为具有大陆性特点的亚热带季风湿润气候，既有大陆性气候的光温丰富特点，又有海洋性气候的雨水充沛、空气湿润特征。湖南气候特点概况为：气候温暖、四季分明、热量充足、雨水集中、春温多变、夏秋多旱、严寒期短、暑热期长。

全省平均气温16~19℃，冬季最冷月（1月）平均温度都在4℃以上，日平均气温在0℃以下的天数平均每年不到10 d，春、秋两季平均气温大多在16~19℃，秋温略高于春温。夏季平均气温大多在26~29℃，衡阳一带可高达30℃左右。10℃以上的活动积温5000~5840℃，15℃以上的活动积温为4100~5100℃，全年无霜期253~311 d。年日照时数1300~1800 h，年降水量1200~1700 mm，年蒸发量700~1000 mm。由于全省的自然条件和气候差异，导致降水量时空分布不均，雪峰山、南岭、武陵山、衡山为多雨地区，可达1800~3200 mm，且春夏之交多暴雨，4~6月降水占全年降水量的40%，常有伏旱、秋旱现象。

在这种气候条件下，岩溶地区的化学溶蚀作用强烈，地表、地下径流对碳酸岩的溶蚀作用能旺盛地进行，形成丰富的岩溶地貌形态及洞穴系统，岩体强烈地岩溶化后，为岩溶地下水的形成、运移、储存创造了良好的水文地质条件。

四、水文地质

湖南水系发育完整，河流众多，河网密布。全省长度5 km以上的河流有5341条，50 km以上的185条，河流总长4.30多万千米，多年平均径流量为每年2330.04亿 m³。流域面积大于5000 km² 的河流有17条，分属长江和珠江两大流域。以长江流域的洞庭湖水系为主，主要支流有湘、资、沅、澧四大水系。其流域面积占全省总面积的96.7%，只有3.3%的面积属于珠江流域和长江流域的鄱阳湖、黄盖湖水系。省内主要河流多来源于东、南、西边境的山地，湘、资两大水系由南向北，沅水自西南向东北，澧水自西向东，新墙河与汨罗江由东向西分别注入洞庭湖。

湖南省域处于两个一级大地构造单元之间，西北部为扬子准地台的东缘，东部则为华南褶皱带的主体。控制地下水运移过程及活动方式的首要控制因素为大地构造的一级或二级单元，该单元构成相对完整的地下水系统。根据湖南省国土资源厅2002年编制的《湖南省地下水资源评价》，以大地构造单元作为划分依据，全省划分为6个一级系统。分别为：湘西北褶皱山地水文地质系统、湘西褶皱隆起中低山裂隙水系统、湘中褶皱丘陵盆地地下水系统、湘南褶皱山地丘陵地下水系统、湘东断褶山地丘陵水文地质系统和湘北拗陷平原地下水系统。

五、水资源

（一）大气降水

由于其特殊的地理位置，湖南省降水量丰富，但受大气环流和地形影响，全省降水时空分布不均。降水分布东、西、南三面较多，中、北部较少。丘陵区和平原区的降水量少于山区。雨水多集中在4~9月，汛期降水量较多，占年降水量的60%左右。据湖南省1993~2012年降水量数据统计，全省年降水量在2227亿~4154亿 m^3，均值为3187.94亿 m^3。最大值为2002年4154亿 m^3，较全省年降水量均值偏高30.43%；最小值为2011年2227亿 m^3，较全省年降水量均值偏少30.00%。

（二）地表水

湖南省位于中国的南部，在地表水系发育的潮湿地区，水资源比较丰富。由于湖南省内的山地、丘陵类地形的面积约80%左右，而降水多聚于地表形成径流，在对河川径流进行还原到未经消耗和未经调节等影响的天然情况下的"天然径流量"表述为地表水资源量。湖南径流主要是靠降水补给，降水较多的地方同时也是径流较丰富的地区，一般山地多于丘陵、平地。与降水相似，湖南省汛期径流量占全年径流量的65%左右，连续最大4个月（4~7月）的径流量占全年的55%左右。根据湖南省1993~2012年的地表水资源量数据可知，全省地表水资源量变化幅度范围在1121亿~2560亿 m^3，均值为1774.02亿 m^3。湘、资、沅、澧四大水系中，地表水资源主要来自于湘江、沅江。湘江多年地表水资源量分布在500亿~1000亿 m^3，资江与澧水多年地表水资源量在500亿 m^3 以下。

（三）地下水

湖南省1993~2012年地下水资源量变化幅度在279.90亿~539.10亿 m^3，平均地下水资源量427.12亿 m^3。最大值为2002年539.10亿 m^3，比多年均值偏高26.22%；最小值为2011年279.90亿 m^3，比多年均值偏低34.47%。

六、土　壤

湖南省土壤分为地带性土壤和非地带性土壤。共有9个土类，24个亚类，111个土属，418个土种。地带性土壤主要是红壤、黄壤，大致以武陵源雪峰山东麓一线为界，此线以东红壤为主，以西黄壤为主。红壤是全省的主要土壤，面积约占全省土地总面积的36.3%，主要分布于武陵雪峰山以东的丘陵山麓及湘江、资水两流域，宜发展油茶、茶叶、柑橘等经济作物。黄壤面积占全省土地总面积的15.4%，主要分布于雪峰山、南岭山区。

非地带性土壤主要有潮土、水稻土、石灰土和紫色土等。潮土（优良旱土）是由江河、湖泊沉积物形成的，土层深厚，质地适中，养分丰富，适应性较广，大部分已发育为水稻土。潮土只占全省土地总面积的2.50%。水稻土是湖南省的主要农用土壤，占全省土地总面积的19.00%。石灰土面积占全省土地总面积的6.90%，主要分布于省境西北的武陵山地区、湘中和湘南的石灰岩地区，表土近中性，石灰含量丰富，适宜柏木、油桐、乌桕和生漆等生长。紫色土主要分布于衡阳盆地和沅麻盆地，占全省土地总面积的6.30%，富含磷、钾，宜于经济作物生长。

根据《湖南省岩溶地区第三次石漠化监测实施细则》中对土壤类别和土壤质地的分

类标准，据初步统计，全省岩溶土地中有黑色石灰土、红色石灰土、黄色石灰土、棕色石灰土、耕作土、其他土壤等7个土壤类别，各土壤类别的面积分别占岩溶土地总面积的5.79%、37.21%、27.94%、2.42%、3.65%、7.12%、15.87%，以红色石灰土、黄色石灰土为主。土壤质地方面，全省岩溶土地中有砂土、砂壤土、壤土、黏壤土、黏土5种土壤质地，各土壤质地的面积分别占岩溶土地总面积的2.58%、23.24%、29.65%、33.98%、10.55%，以砂壤土、壤土、黏壤土为主。

七、动植物资源概况

（一）植物资源

湖南以中亚热带常绿阔叶林为主，植物区系成分复杂。据统计，全省有高等植物248科，1245属，4320种（包括327个变种），分别占全国植物科、属、种总数的70.3%、39.1%、14.7%。在1245属中，热带属550属，亚热带属257属，温带属339属，世界广布属99属。

由于各地地理位置和水热条件不同，地区性差异也较明显。湘南分布着热带植物成分较多的常绿阔叶林，湘东以中亚热带常绿阔叶树为主，湘北以落叶阔叶树为主，湘西北以温带性种属成分居多，许多川、鄂、黔树种在此亦有分布，且残存银杏、水杉、香果树、珙桐等孑遗植物或珍贵树种。

（二）动物资源

湖南省动物种类繁多，分布较广。有野生哺乳动物66种、鸟类500多种、爬行类71种、两栖类40种、昆虫类1000多种、水生动物200多种。全省有云豹、金猫、白鹤、白鳍豚、穿山甲等19种国家Ⅰ级保护野生动物；有猕猴、短尾猴、大鲵、江豚、白鹭、野鸭、竹鸡等76种国家Ⅱ级保护野生动物。湖南是全国著名的淡水鱼产区，天然鱼类共160多种，以鲤科为主，主要有鲤、青、草、鳙、鲢、鳊、鲫、鲂等，著名的鱼种有中华鲟、白鲟、银鱼、鲥鱼、鳗鲡等。

第二节　社会经济状况

一、行政区划、人口

湖南省现辖13个地级市、1个自治州；122个县（市、区），其中63个县、7个民族自治县、17个县级市、35个市辖区。2016年底，全省常住人口6822.0万人。其中，城镇人口3598.6万人，城镇化率52.75%；农村人口3223.4万人、占47.25%。

全省岩溶区涉及12个地级市、1个自治州；83个县级监测单位中，有54个县、7个民族自治县、9个县级市、13个市辖区。2016年底，岩溶县常住人口4573.98万。其中，城镇人口1971.20万人，城镇化率43.10%；农业人口2602.69万，少数民族人口742.35万，贫困人口373.53万。

二、国民经济发展及农业生产情况

2016年，全省地区生产总值31244.7亿元，比上年增长7.9%。其中，第一产业增加值3578.4亿元，增长3.3%；第二产业增加值13181.0亿元，增长6.6%；第三产业增加值14485.3亿元，增长10.5%。按常住人口计算，人均地区生产总值45931元，增长7.3%。全省三次产业结构为11.5∶42.2∶46.3。规模以上服务业实现营业收入2577.2亿元，比上年增长18.3%；实现利润总额243.5亿元，增长12.1%。第三产业比重比上年提高2.1个百分点；工业增加值占地区生产总值的比重为35.8%，比上年下降2.1个百分点；高新技术产业增加值占地区生产总值的比重为22.0%，比上年提高0.8个百分点；非公有制经济增加值18739.9亿元，增长8.7%，占地区生产总值的比重为60.0%，比上年提高0.4个百分点；战略性新兴产业增加值3499.2亿元，增长9.4%，占地区生产总值的比重为11.2%。第一、二、三产业对经济增长的贡献率分别为4.8%、37.0%和58.2%，第三产业贡献率比上年提高4.3个百分点。其中，工业增加值对经济增长的贡献率为31.6%，生产性服务业增加值对经济增长的贡献率为20.0%。

2016年，83个岩溶县（市、区）生产总值13912.15亿元。其中，农业产值1777.44亿元，林业产值增加值223.13亿元，牧业产值增加值1368.11亿元，地方财政收入654.78亿元，人均GDP 3.07万元，粮食总产量2209.23万t，农作物播种面积648.61万 hm^2。

三、土地利用现状

全省土地总面积2118.29万 hm^2，其中：林业用地面积1299.81万 hm^2，占土地总面积的61.36%；非林业用地面积818.48万 hm^2，占土地总面积的38.64%。非林业用地中，耕地面积467.91万 hm^2，占土地总面积的22.09%；草地面积46.86万 hm^2，占土地总面积的2.21%；建设用地面积153.95万 hm^2，占土地总面积的7.27%；未利用地面积149.82万 hm^2，占土地总面积的7.07%。土地利用类型以林地、耕地为主，人均耕地少。全省林地和耕地的面积占土地总面积的83.45%，建设用地、未利用地合计只占土地总面积的14.34%。土地利用地域差异明显，利用水平不均衡。省域以雪峰山为界，东部区耕地、城镇村及工矿、交通用地占有较大比重，土地利用率高，农业和非农业用地矛盾突出，西部地区山地资源丰富。

83个岩溶县土地总面积为1672.20万 hm^2。其中：林业用地面积1122.19万 hm^2；非林业用地面积550.01万 hm^2。全省岩溶区林业用地占全省林业用地的86.33%。岩溶县人均耕地面积少，农业生产受水资源制约大，人均耕地面积仅为 $0.06\,hm^2$，仅达湖南省人均耕地（ $0.10\,hm^2$ ）面积的60%。其次是粮食产出水平低，平均单位面积产量 $3.41\,t/hm^2$，相当于全省平均水平（ $5.79\,t/hm^2$ ）的58.82%。

四、贫困人口

2016年，83个岩溶县贫困人口达373.53万人，占全省贫困人口总数的83.94%，是国家扶贫攻坚重点区域和湖南省精准扶贫的主战场。在83个岩溶县中，有19个国家扶贫开发工作重点县，有13个省级扶贫开发重点县。岩溶区农村居民人均纯收入相当于湖南省平均水平的89.21%。

第三节 湖南省岩溶区域分布情况

一、分布范围

湖南省岩溶区域分布范围涉及13个市（州）的83个县（市、区）（表1-1）。

表1-1 湖南省岩溶区域分布范围

市（州）	县（市、区）
湘西土家族苗族自治州	龙山县、永顺县、保靖县、花垣县、古丈县、吉首市、泸溪县、凤凰县
怀化市	沅陵县、麻阳苗族自治县、中方县、鹤城区、辰溪县、溆浦县、新晃侗族自治县、芷江侗族自治县、会同县、靖州苗族侗族自治县、通道侗族自治县
张家界市	永定区、桑植县、慈利县、武陵源区
邵阳市	北塔区、双清区、大祥区、邵东县、邵阳县、新邵县、洞口县、隆回县、绥宁县、武冈市、城步苗族自治县、新宁县
永州市	零陵区、东安县、祁阳县、双牌县、宁远县、新田县、道县、江华瑶族自治县、江永县、蓝山县、冷水滩区
郴州市	苏仙区、北湖区、安仁县、永兴县、嘉禾县、临武县、宜章县、桂阳县、资兴市、汝城县、桂东县
衡阳市	祁东县、衡阳县、常宁市、耒阳市、衡东县、衡南县
株洲市	醴陵市、渌口区、攸县、茶陵县、天元区、芦淞区
常德市	澧县、临澧县、石门县、桃源县
益阳市	安化县、桃江县
娄底市	新化县、涟源市、双峰县、冷水江市、娄星区
湘潭市	湘乡市、湘潭县
岳阳市	临湘市

二、岩溶土地分布特点

（一）岩溶土地分布区域广泛

湖南岩溶土地分布区域广泛，岩溶区土地总面积549.64万 hm^2，占全省土地总面积的25.95%。主要分布范围涉及13个市（州）83个县（市、区），占湖南122个县（市、区）的68.03%，其中湘西南的湘西土家族苗族自治州、永州市，以及湘中的邵阳市、娄底市等市（州）所占比重大，总体呈现出西部—西南部多、东部—东北部少的分布特点。从各县（市、区）岩溶土地面积与行政区域面积比较的情况来看，岩溶区土地面积占行政区域面积60%及以上的县（市、区）有16个，30%~60%的县（市、区）有24个，小于30%的县（市、区）有43个（表1-2）。

表1-2 岩溶区土地面积占行政区域面积比重统计表

面积比重	县（市、区）个数	县（市、区）名称
占行政区域面积60%以上	16	冷水滩区、大祥区、嘉禾县、新田县、吉首市、凤凰县、邵阳县、祁阳县、冷水江市、北塔区、涟源市、花垣县、邵东县、新邵县、双清区、东安县
占行政区域面积30%~60%	24	保靖县、慈利县、桑植县、新化县、永定区、宁远县、永顺县、洞口县、新宁县、武冈市、娄星区、辰溪县、石门县、隆回县、龙山县、蓝山县、桂阳县、双峰县、临武县、江永县、北湖区、泸溪县、宜章县、古丈县
占行政区域面积30%以下	43	江华瑶族自治县、沅陵县、渌口区、安化县、湘乡市、芦淞区、武陵源区、临湘市、耒阳市、苏仙区、祁东县、安仁县、永兴县、麻阳苗族自治县、溆浦县、资兴市、茶陵县、汝城县、中方县、道县、桃源县、新晃侗族自治县、双牌县、醴陵市、鹤城区、天元区、常宁市、攸县、城步苗族自治县、澧县、衡阳县、零陵区、绥宁县、衡东县、靖州苗族侗族自治县、桂东县、芷江侗族自治县、湘潭县、桃江县、临澧市、会同县、衡南县、通道侗族自治县

（二）岩溶土地分布区域生态区位十分重要

岩溶土地在湘、资、沅、澧四大水系均有分布，以湘、资、沅三个水系为主。集中分布在湘江衡阳以上流域、沅江浦市镇以下流域、资水冷水江以上流域，面积分别为143.25万 hm^2、88.59万 hm^2 和86.83万 hm^2，分别占岩溶区土地总面积的26.06%、16.12% 和15.80%；其次是澧水流域及湘江衡阳以下流域，面积分别为67.23万 hm^2 和56.07万 hm^2，分别占岩溶区土地总面积的12.23% 和10.20%；岩溶土地多分布在这些流域的中上游。同时，岩溶地区分布有湖南八大公山国家级自然保护区、湖南壶瓶山国家级自然保护区、湖南莽山国家级自然保护区等15个国家级自然保护区，占湖南省22个国家级自然保护区的68.18%；有湖南武陵源张家界自然保护区、湖南武陵源索溪峪自然保护区、湖南武陵源天子山自然保护区等14个省级自然保护区，占湖南省26个省级自然保护区的53.85%；有湖南天堂山国家森林公园、湖南夹山国家森林公园、湖南九嶷山国家森林公园、湖南不二门国家森林公园等24个国家森林公园，占湖南省62个国家级森林公园的38.71%；同时还有近20个国家4A级以上旅游景区。可见，岩溶土地分布区域的生态状况，将直接影响到湖南省野生动植物保护和旅游资源开发利用，并影响到长江中下游水资源安全，生态区位十分重要。

参考文献

[1] 袁道先. 岩溶环境学 [M]. 重庆：重庆出版社，1988.

[2] D. C. Fort，宋林华. 喀斯特的定义及其发展 [J]. 地理译报，1990，4:6-11.

[3] 王世杰. 喀斯特石漠化 —— 中国西南最严重的生态地质环境问题 [J]. 矿物岩石地球化学通报，2003，22（2）:120-126.

第二章　湖南岩溶石漠化的发生

湖南省岩溶的发育基于碳酸盐岩类分布面积广，总面积50多万公顷，占全省面积的1/4，厚度大（一般厚度在2000 m以上，局部可达4000~5000 m），集中成片，大片裸露型岩溶石山区主要分布在湘西、湘中、湘南，且各类岩溶景观均有发育。

第一节　碳酸盐岩类的分布及水文地质分层

一、碳酸盐岩类的分布

湖南省境内自上震旦统灯影组至下三叠统嘉陵江组均有发育[1]，但各处岩相变化较大，主要的沉积相分类有白云岩类、不纯碳酸盐类、纯碳酸盐岩类及间互状纯碳酸盐岩类（表2-1）。

表2-1　湖南碳酸盐岩分布特征表

地层		湘西区（包括雪峰山）	湘中、湘南和湘东3区
震旦系	Z_1	碎屑岩浅变质岩系	3区均分布碎屑岩及浅变质岩系
	Z_2	白云岩、硅质灰岩夹磷矿层	
寒武系	ϵ_1	ϵ_1为碳酸盐岩，ϵ_{1p}与ϵ_{1n}为碎屑岩	3区均是巨厚的砂岩夹板岩、硅质岩夹少量灰岩
	ϵ_{2+3}	武陵山以西为白云岩相，武陵山为灰岩相夹砂页岩，雪峰山区过渡为碎屑岩相	
奥陶系	O	碳酸盐岩相	潮中区及湘南区均是砂页岩及板岩，而湘东区则缺失
志留系	S	碎屑岩相	3区均缺失
泥盆系	D_1	碳酸盐岩相	3区的D_1~D_2均为碎屑岩相
	D_{2+3}	D_2仅在大庸—永顺以北为碎屑岩相	3区均为碳酸盐岩夹砂页岩
石炭系	C_1	缺失	3区均为灰岩、泥灰岩夹砂页岩及煤层
	C_{2+3}		3区均为纯碳酸盐岩
二叠系	P_1	灰岩相	湘中区及湘南区均为碳酸盐岩，而湘东区则下部发育碳酸盐岩
	P_2	下部为碎屑岩夹煤层，上部为硅质岩及灰岩	湘中区及湘南区均为碎屑岩含煤建造，而湘东区为碎屑岩
三叠系	T_1	碳酸盐岩相夹页岩，发育在永顺—石门以北	湘中区为碳酸盐岩，湘南区为碎屑岩，湘东区为碳酸盐岩
	T_2	碳酸盐岩及砂页岩，发育在永顺—石门以北	3区均缺失
	T_3	碎屑岩建造	3区均碎屑岩建造

（一）白云岩类

白云岩类以湘西地区的娄山关群和嘉陵江组，湘中北部和湘东的黄龙群及湘南的棋子桥为典型，此类岩层里发育着较均匀的孔隙 —— 裂隙水含水体。

（二）不纯碳酸盐岩类

较广泛地发育在龙山、四明山、关帝庙、紫云山范围内，以及洞口至武冈以西地区，岩层里发育着不均匀的裂隙 —— 溶洞含水体，或作为相对的隔水层。

（三）纯碳酸盐岩类及间互状纯碳酸盐岩类

两岩类面积42005 km²，约占总面积的74%，其中广泛发育着层间溶洞含水体，并形成巨大的岩溶管道系统 —— 地下河系统。

二、碳酸盐岩的水文地质分层

湖南省的碳酸盐岩可分为6种水文地质层组即：灰岩类、白云岩类、纯碳酸盐岩、间互状纯碳酸盐岩、间互层不纯碳酸盐岩等（表2-2）。

表2-2 湖南碳酸盐岩水文地质分层表

名称	岩性特征	含水层类型	面积 A/km²
灰岩类	灰岩、云灰岩、泥质条带灰岩	不均匀的裂隙—溶洞水含水体	13093
白云岩类	白云岩	较均匀的孔隙——裂隙水含水体	5070
纯碳酸盐岩	灰岩与白云岩呈互层或间层组合	层间溶洞水含水体	13743
不纯碳酸盐岩	泥质灰岩、硅质灰岩、泥质白云岩、含石遂石条带灰岩	不均匀的裂隙含水体	4785
间互状纯碳酸盐岩	灰岩、泥灰岩或砂页岩呈互层或间层状组合	层间溶洞水含水体	15223
间互层不纯碳酸盐岩	不纯碳酸盐岩与碎屑岩互层或间层组合	隔水层组或层间裂隙水含水体	5508

三、岩溶地貌景观及水文地质分区

何宇彬等基于岩溶水的开发利用，根据区域地形地貌特征及水文地质条件，将湖南省分为6个类区（表2-3）。

表2-3 湖南岩溶地貌及水文地质分区特征表

岩溶地貌分区	岩溶地貌特征	岩溶水动力特征	岩溶水文地质结构	岩溶水开发利用探讨
丘峰—溶盆与溶洼峡谷山原 I	处于裂点区，山原面解体，溯源侵蚀作用强，近期垂直溶蚀作用明显，剥蚀面上保留山原期岩溶景观	山原面上地下河埋藏浅，水力坡度亦缓，在峡谷深切处常有悬挂泉溢出	均匀状纯碳酸盐岩箱状或束状背向斜型：纯或不纯碳酸盐岩平缓褶皱	1. 水力资源丰富，可规划兴建大中型水库及电站；2. 山原面上适于修建溶洼水库；3. 峡谷两侧的暗河段可采取截堵措施，修建地下水库

岩溶地貌分区	岩溶地貌特征	岩溶水动力特征	岩溶水文地质结构	岩溶水开发利用探讨
丘峰—溶洼与溶盆中低山山地 II	山原面进一步解体，灰岩区发育溶洼与溶盆，地势开敞、地表干旱	地貌斜坡带地下河坡度陡，并呈孤立管道状；溶盆区地下水埋藏浅，涌泉与温泉普遍	断褶型；断褶型及复式褶皱型，断层共轭部位涌泉及温泉普遍发育	雪峰山区：1. 残留山原面上，可修建悬挂式溶洼水库，利用落差发电。2. 地貌斜坡带可堵截暗河段修建地下水库，利用落差发电。湘东地区：1. 涌泉及温泉可以开发医疗饮用；2. 在构造共轭部位可打井取水
丘峰—溶洼与溶盆低山与丘陵 III	南岭北坡地貌斜坡带，发育落水洞、伏流及深埋的地下河	具有斜坡带水动力剖面的水平分带特征，地下河纵部面具多级裂点	间互状纯碳酸盐岩断褶型；间互状纯碳酸盐岩线状复式褶皱型	1. 于适当地貌部位可截引地下河水灌溉；2. 残留山原面上可考虑修建溶洼水库
丘峰与峰林—溶盆与溶洼丘陵平原 IV	地势开阔发育大型溶盆或溶原，多属第四纪覆盖型岩溶区，丘峰山区溶洼分布多，地表干旱，道县至江永峰林地形发育	丘陵山区地下水埋深20~50m，溶盆与溶原区埋深约1~10m，山麓边缘有泉群溢出，地下河时明时暗	间互状纯碳酸盐岩向斜及复式向斜褶皱型；间互状纯碳酸盐岩背向斜及断褶皱型；间互状纯碳酸盐岩箱状，断褶与平缓褶皱型；间互状纯碳酸盐岩线状复式褶皱型	1. 溶盆或溶原区地下埋藏浅，可在地下河故道系统的露头引水，或打井提灌；2. 丘陵山区可在地下河系的适当部位修建溶洼水库；3. 暗河段分支发育，一般不适宜修建地下水库；4. 山麓边缘，泉及地下河系可作供水水源
埋藏岩溶区 V	零陵分布孤峰与溶丘	在适当的构造部位具承压水或涌泉		适当构造部位可开采承压含水体地下水资源
洞庭测平原 VI	湖滨外围有埋藏型岩溶			

第二节 湖南碳酸盐岩分布区水文地质特征

中国地质大学刘星[2]以湖南湘中重点碳酸盐岩分布区为调查区，研究认为湖南碳酸盐岩分布区具有如下水文地质特征。

一、岩溶地下水的特征

湖南岩溶含水层地下水的补给来源于大气降水为主，地表水的侧向补给也是岩溶地下水补给的重要来源。

区内降雨充沛，多年降水保证率95%、75%和50%年降水量分别为1000~1200mm，1300~1500mm，1500~1850mm。岩溶化强度较高，地表溶洼、溶谷、漏斗、落水洞、脚洞和溶隙、溶槽、溶孔等密布。大气降水经地表汇流以集中灌入或分散渗入式补给或地表水侧向补给岩溶地下水。

（一）灌入型与渗入型补给

在岩溶强烈发育区，特别是在裸露型碳酸盐岩地区，岩溶水补给方式以灌入式为主同时伴以渗入式补给。由于地表存在着大量的落水洞、岩溶漏斗及宽阔的溶蚀裂隙，当降水形成地表径流后，通过上述岩溶通道直接注入地下，成为地下径流的主要来源。如涟源湄江观音洞地下河，推测长度约10km，汇水面积约45km²，共计25个溶蚀洼地，漏斗、落水洞，每个洼中均有落水洞，落水洞的下部与溶蚀管道相连。地表水经上述岩溶通道汇入洞穴管道构成一条较大的观音洞地下河系统，流量达1713.86L/s，雨季最大流量可达5m³/s。

在覆盖型和埋藏型碳酸盐岩地区或岩溶不发育地区，岩溶水补给的方式以间接渗入式补给为主同时伴以灌入式补给。降水对地下水补给量大小取决于当地地形地貌、含水介质、断裂构造、岩溶发育程度、土壤植被及降雨量、降雨强度等自然因素的制约，由于各地段所具备的上述因素不一，大气降水有效入渗强度亦有差别。各地入渗系数不同反映了降水通过入渗方式补给地下水的强度不同。

这种以大气降水补给来源为主的地下水的丰、贫程度表现为随大气降水的多少反映出同步变化的特征。

（二）地表水的侧向补给

地表水侧向补给是岩溶含水层地下水补给的另一来源，地表水除大气降雨形成的地表径流流通过地下河的进口及地下河沿途的"天窗"直接灌入地下岩溶管道中和渗入地下补给岩溶地下水以外，还有非岩溶区地表径流向岩溶区地下水的补给、地表水库、水渠、水塘渗漏补给地下水和农田灌溉回归等多种地表水侧向补给形式。

区内普遍存在地表水与地下水相互转换的现象，即地表水流入暗河入口，直接进入地下水平溶洞（管道），然后又出露于地表而形成溪河。如梅山龙宫，即暗河入口上游大面积的地表汇水，通过暗河入口进于地下水平岩溶通道而形成地下暗河径流，暗河长度1466m，通过梅山龙宫（暗河出口）排泄于资江河谷中，暗河入口流量为61.25L/s，暗河出口流量增到68.88L/s。地表水流的补给量占出口总流量的11%。

二、岩溶地下水径流特征

调查区内地下水的径流条件严格受含水介质及地形条件的制约，不同类型的地下水在各种条件影响下，具有各种径流状态，调查区内地下水流态主要有：集中管流和分散渗流两种径流状态。

（一）集中管流

主要分布在标高200~450m，以地下河系统为代表的管道紊流型是调查区地下水径流的主要形式。岩溶地下水的径流主要是在各种形态的岩溶管道里进行，其特点是管道分布极不均匀，水流坡降变化大，流速快，多迭水、瀑布，径流呈紊流运动状态。

地下水在岩溶管道中因受岩性、地貌、地质构造、岩溶发育强烈程度及水文网的分布等因素的控制，其径流方向不一，按其径流方向与区域构造线之间的关系大致可分为以下几点。

1. 轴向径流

管道型岩溶含水层组地下水径流方向与区域构造线平行或近于平行。调查区108条地下河属该种径流形式的占70.37%，发育在向斜核部石炭系大浦组和二叠系马平组含水岩组里。

2. 斜向径流

管道型岩溶含水层组地下水径流方向与区域构造线斜交，溶蚀管道常受扭性结构面控制，斜向径流多位于向斜的翼部。

3. 横向径流

管道型岩溶含水层组地下水径流方向与区域构造线近于直交，主要受横向、张扭性构造面控制，横向径流多位于向斜两翼近转折端部位。黄荆岭背斜多条地下河径流因受地貌条件和构造裂隙的控制，其径流方向形成从背斜核部较高处向两翼低处排泄，表现出典型的横向径流特征。

4. 环向径流

管道型岩溶含水层组地下水径流方向呈环形或环弧形，主要受向斜转折端隔水地层的阻挡，地下水径流方向随转折端而改变方向，环向径流主要位于向斜的转折端。

5. 散流型径流

地下水散流型径流分布于背斜或某些向斜翼部，由于构造影响，中心高，四周低，地下水呈放射状向周边排泄。

（二）分散渗流

此种流态在区内分布较广，尤其是在峰丛地貌的山区和岩溶不发育区或岩溶发育区的某些岩溶不发育地段，当雨水及其他种类的水源到达地面，除满足植物截留、包气带持水后则产生重力下渗补给地下水，主要形成以表层岩溶带为主的表层岩溶水，由于其含水空隙较不连续，不均一等特征，其岩溶水径流路径较短，且以垂向径流为主，为地表以下第一个强径流带，多呈层流状。径流方向严格受地形制约，依地势由高往低运动，基本与地形坡度一致，形成顺坡流；其特点主要表现地下水运动于构造裂隙和溶蚀裂隙之中，无固定水面,潜水面变化大,径流途径短,且补给区与径流区基本一致,水流速度较慢,径流途径较短,多呈层流,仅局部为紊流;层面溶蚀裂隙发育地带,地下水主要顺层径流,且峰脊地区循环深度大,近谷地地区循环浅。径流方向受不同类型结构面的延展方向控制,也可以分为轴向的、斜向及横向径流。

三、排泄特征

调查区岩溶地下水的排泄总的特征是以当地侵蚀基准面为准,多以地下河形式出露于沟谷狭岸,悬挂于河谷两侧山坡上,以悬挂式排泄为特征,直接排泄于河流之中。这是调查区岩溶水的主要排泄特征。另外,以下降泉、上升泉的泉点形式或复合泉群的形式排泄于地表,也是调查区岩溶地下水重要排泄方式。

(一)沿岩层接触面排泄

由于受岩层含水性的控制,地下水的排泄点多集中于可溶岩与非可溶岩、强可溶岩与弱可溶岩的接触界线处呈线状排列出露。因非可溶岩或弱可溶岩在各地出露的标高不同,故在不同的标高上都可以出现地下水的露头,排泄高程在150~550m。

(二)沿河谷、沟谷、洼地的边缘排泄

一般来说,地表水系是当地的排泄基准面,是地下水的聚集场所,因此河谷、沟谷的两侧、底部或洼地的边缘是当地地下水的排泄带,排泄的方式以地下河为主由于各地排泄基准面不一,地下河的出口高程也不同,调查区地下河出口高程多集中于250~450m。

(三)沿断层构造沿线性排泄

调查区内区域性断层构造以压扭性断裂为主,是地下水穿越的障碍,断层内带构造岩呈糜棱状或断层泥是良好的阻水层,而断层影响带(外带)往往是张性破碎带是地下水聚集、排泄带,平面上往往可以看见地下水以岩溶大泉、泉点沿断层构造线呈线状分布。

(四)沿褶皱转折端头排泄

褶皱转折端头是应力集中部位,裂隙、岩溶较发育,致使该部位地表河溪发育,成为该地区的排泄基准面,因此褶皱转折端头往往是地下水的排泄地段。

第三节 石漠化土地形成的驱动因子

中南林业科技大学的尹育知以新化县为对象,研究了喀斯特地区石漠化发生的原因与驱动因子[3]。

一、自然环境类因子

（一）碳酸盐岩岩性及其出露面积

形成岩溶石漠化的物质基础是碳酸盐岩，在碳酸盐岩分布地区不同的地貌条件和不同的碳酸盐岩岩性及其岩性组合以及出露面积的不同，岩溶石漠化等级及其分布面积差异较大碳酸盐岩主要为石灰岩、白云岩、白云质灰岩、灰质白云岩，这几类岩石风化后，成土物质很少。这些岩石形成的土层抗侵蚀能力差，母岩又属于可溶岩，岩溶发育，一旦发生水土流失，极易形成无土的强度石漠化景观。

碳酸盐岩岩性主要为石灰岩、白云岩等，岩石坚硬，抗风化能力强，均为可溶性岩，固体沉积物少。自然土层厚度小，土壤抗蚀性差，极易形成无土可流的毁坏型强度石漠化土地。从相关分析结果来看，两者具有正相关性，岩石裸露面积越大，石漠化面积越大。

（二）植被覆盖率

植被覆盖率包括草地、林地、灌木地的覆盖率，达到30％以上才不至于导致喀斯特脆弱性恶化。如果植被覆盖率下降，不但会使水土流失将更加严重，而且使食物链和生物群落结构也遭受破坏，从而生态系统自我调控能力和抵御外界干扰的能力降低，稳定性不强，喀斯特石漠化脆弱性加剧。

植被覆盖率，更重要的是森林覆盖率的降低，岩溶地区薄而珍贵的土壤失去植被的保护后，经历暴雨季节时，地表水很容易形成侧向径流，使得本身松散的土层被地表径流所侵蚀，以至于土壤流失，出现碳酸盐岩母岩裸露，岩溶石漠化就形成了。如果植被覆盖率进一步的减少，势必进一步破坏脆弱的岩溶生态环境，最终导致石漠化面积的增加、程度的加剧，更糟糕的是岩溶地区的植被一破坏就难以恢复。

研究显示，植被覆盖率与石漠化显著相关，呈负相关关系。这是因为研究区域为红壤地区，风化作用强，土层浅薄，植被稀疏，随着森林覆盖率的降低，土壤失去了植被的保护后，地表水下渗，很快产生侧向径流，使得松散土层被地表径流所侵蚀，土壤流失后，母质母岩出露，形成石漠化土地。

研究还显示，森林覆盖率的减少，势必导致石漠化土地的增加，而且该地区的植被一旦破坏后难以恢复，因而提高森林覆盖率对于改善石漠化土地环境至关重要。另外，从目前的森林分布来看，多分布在非石漠化区域，而广大的石漠化土地，森林及其稀少，故植被覆盖与石漠化呈显著负相关关系。

（三）平均海拔高度

在喀斯特发育条件下，石漠化也受地势变化的影响，从新化县的石漠化空间分布格局来看，石漠化程度与地势起伏有一定的联系。

（四）多年平均降水量

水作为喀斯特作用的载体、溶液和溶剂，是石漠化环境演化的基本营力，所以，多年平均降雨量是反映岩溶地区降水量过程的重要指标。降水量的多少，在一定程度上反映降水对土壤的侵蚀程度，如果降雨量大而且集中，其对地面的冲刷比较剧烈，水土流失将加剧，以至于土壤侵蚀模数增大，这样将影响着石漠化的演化发展速率。

（五）水土流失面积

水土流失的强弱情况、面积大小直接影响喀斯特碳酸盐的出露程度，间接地对石漠化的产生构成了很大的影响。水土流失不但是石漠化形成的一个过程，也是石漠化现象的一个结果。

（六）大于 25° 坡地面积

根据水土保持法规所述，25° 左右的耕地不会产生水土流失，但是大于 25° 的坡耕地已经不宜耕作，应当退耕还林还草，顺坡耕种势必会导致植被覆盖率下降以及地表土层内部黏结力的降低，加剧水土流失，也会增大土壤侵蚀模数。

二、社会经济类因子

（一）人口密度

表示每平方千米上居住的人口数量，人口密度的大小，决定资源需求量，在资源有限的情况下，将转化为对资源破坏程度大小的表现。一般情况下，人口密度越大，对资源的需求也就越多，环境的负荷也就越大，生态环境的破坏必然会越大，水土流失严重，石漠化程度相应增大。对土地资源的破坏首先表现对植被的破坏，即大面积的毁林毁草，自然系统中对石漠化形成起主要负面调节作用的植被系统一旦退化，整个生态系统的功能势必也随之退化，慢慢向着石漠化方向发展。

人口密度越大，人地压力、矛盾越尖锐，对土地的破坏程度也越大，石漠化程度也越来越大，形成一个循环。

研究显示，人口密度与石漠化呈显著正相关性，同一区域人口密度越大，人们对土地资源的开发、利用活动越频繁，对土地上的植被破坏也越强烈，石漠化也就越严重。

（二）农业人口密度

表示在每平方千米上农业人口所占比重，在同样土地可利用的条件下，农业人口密度越大，人为开荒耕地量越多，环境负荷必然越大，水土流失严重，石漠化加剧，对生态环境的危害性越大。

研究显示，农业人口密度与石漠化的相关性也较高，农业人口密度大的地区，人为活动的强度大，呈现森林覆盖率低，石漠化较严重。

（三）人均GDP

人均GDP是综合地反映经济实力的指标，经济实力的强弱与人们所处环境的自然资源条件密切相关，而石漠化程度反映了所在区域生态环境质量的好坏，故将人均GDP作为影响石漠化发生的一个因子。

一般情况下，人均GDP高的地区，人们的生产方式更加优异，生产效率也相对较高，资源的利用率也较高，表示人口受教育的程度也较高，而资源利用率、生产方式、生产效率，以及人们受教育程度直接决定人对环境作用的形式和对环境保护的认识，所以，人均高的地区，石漠化程度相对比较低，更重要的是治理石漠化的资金更容易筹集，而且宣传也更加有效。

研究结果显示，人均GDP越高，石漠化程度越低，两者为负相关关系，说明经济条件好的县（市、区），其石漠化程度相对轻一些。

（四）农民人均纯收入

在此选择农民人均纯收入作为与石漠化关系比较密切一个因素进行分析。因为，人类活动非常复杂和广泛，而它在一定程度上与该地区的生态环境的质量关系密切，也间接制约土地石漠化的形成、发展。地区经济水平与岩溶石漠化的形成息息相关，而地区经济水平高低决定了农民人均纯收入的高低，后者又决定了其改变当地居民生存环境的能力，而生存环境改变的方式，必定影响着石漠化程度。

研究显示，农业人均纯收入用来研究石漠化与贫困之间关系而设立的指标，石漠化面积的大小和程度极大的决定了当地居民的生存环境，石漠化的加速发展，对生存环境构成了新的威胁，因此二者为负相关关系。

（五）耕作方式

耕作方式是否合理对石漠化形成的作用截然不同。合理、科学的耕作方式不但不会引起大量的水土流失，而且还能间接地促进植被恢复、改善生态环境。如坡改梯，如果选用科学种植，不但能保持水土，防止土壤退化，又能提高单位面积的产量，一定程度上增加人们收入。相反，不合理、不科学的耕作方式，势必加快石漠化的进程、扩大石漠化面积。

三、土地利用类因子

不同的土地利用类型与环境的组合方式的差异会使土地利用结构有所不同，使得不同土地利用类型表现出不同抗水土流失能力大小的差异，进而与石漠化产生密切的联系。一般来说，有植被和固土措施的用地类型水土保持的能力较好，不容易发生石漠现象；反之则容易发生。

不合理的毁林开荒、陡坡耕种，势必使得土地石漠化面积扩大、程度加深，而且在陡峭的坡地上开荒种地，并不能增加粮食产量，反而引起了植被的破坏、水土流失，导致石漠化加剧。

该研究选取了可能与石漠化有密切联系的耕地、林地、草地和未利用地作进一步研究。结果表明，所列这几项土地利用类指标中，耕地与石漠化呈正相关，不合理的毁林开荒、陡坡耕作，使得土地进一步石漠化；林地与石漠化呈显著负相关关系，森林植被对土地具有保护作用；草地面积比重大，多草山草坡，所以呈正相关；未利用地，多为历史时期的非合理利用，土壤已丧失了的中度和强度石漠化土地，实质上为难利用地，故与石漠化呈显著相关。

第四节　干扰的影响与控制

仅有外界干扰而无脆弱环境，或者仅有脆弱的环境而无外界干扰，都不会形成石漠化。石漠化的形成、发展是强度人为干扰与脆弱环境共同作用的结果，而环境的脆弱性是本质的原因，是自然存在的客观事实，是人力所不可控制因素。人为干扰是直接原因、外动力，是人类不符合自然规律的改造和利用自然的表现，是人类主观可控制因素。因此，停止干扰和改变干扰方式是石漠化综合治理的前提，预防重于治理。

形成干扰主要有三个方面的原因，一是意识形态落后，对于生态环境与自身的利益关系了解不够，因而缺乏生态环境意识；二是人与资源的矛盾，人口密度过大，可利用的资源严重不足，于是造成对资源掠夺性的开发与利用；三是科学技术落后，生产力低下，人、地未尽其用，这也是造成资源不足的一个原因。其中，人口密度过大与资源不足是干扰的主要来源、矛盾，意识落后、生产力低下必须以这两方面为前提才能得以体现，可见，石漠化防治的重点就是解决喀斯特地区人与资源的矛盾，如果不加以解决这个矛盾，势必会造成土地退化，这是石漠化土地治理的核心问题。

从干扰类型特征分析和石漠化形成过程可知，不管干扰的目的和过程怎样，植被始终是干扰的直接对象，植被子系统的退化引起土地系统退化，进而引起环境子系统、土壤子系统的最终退化，这是由于植被系统是喀斯特地区土地系统最根本的子系统，它是整个土地系统物质和能量平衡的关键，因此，保护现有植被以及促进植被恢复是石漠化防治的根本途径。

喀斯特石漠化地区受地质、地貌等条件的制约，被分割成许多在气候、生态、水文等方面有比较大差别的小流域，而每个小流域就必然是一个生态系统。每个单元流域是喀斯特地区经济系统和生态系统相互称合而成的复合系统，且有一定的独立性，所以综合防治必须从这两个方面同时进行，通过封山育林、人工造林、人工种草等手段，增加植草覆盖率，改善生态环境，提高自然资源的数量和质量，达到生态系统的植被恢复和生态重建的目的，保障人类生活、生存的环境。

经济系统主要是以减少负干扰为目标，在充分遵循自然规律的基础上，对自然资源加以开发和利用，并且结合一些工程项目，保证科学种植和经营可持续性，提高生产力，注重开发、推广生态可持续性能源，达到发展经济的同时，缓解人与资源之间的矛盾。将每一个大系统分解成若干个小单元流域来进行治理，其基本思路是：以小流域为治理单元，以水土保持和改善生态环境为治理的目的，积极发展生态乡镇农业和商品经济，使传统的农业经济转变为综合经济，通过政策的控制，转移山区人口，减少人地矛盾。不但要在减轻干扰的方面上做文章，还得结合植被恢复方面展开工作，达到共同治理，起到标本兼治的目的。

参考文献

[1] 何宇彬，徐新民.湖南岩溶发育特征及其干旱治理的探讨[J].人民珠江，1998（03）:9-12+22.

[2] 刘星.湖南省重点岩溶流域岩溶水开发利用区划及方案研究[D].北京：中国地质大学（北京），2014.

[3] 尹育知.岩溶地区石漠化综合治理及其生态效益评价研究[D].长沙：中南林业科技大学，2013.

第三章　湖南岩溶石漠化现状

根据湖南省第三次石漠化监测显示，全省岩溶区总面积549.64万 hm^2，占全省土地总面积的25.95%。共区划小班763241个，平均小班面积7.2 hm^2。其中石漠化土地面积125.14万 hm^2，占岩溶地区面积的22.77%，占全省土地总面积的5.91%，区划小班207833个，平均小班面积6.0 hm^2；潜在石漠化土地面积163.37万 hm^2，占岩溶地区面积的29.72%，占全省土地总面积的7.71%；非石漠化土地面积261.13万 hm^2，占岩溶地区面积的47.51%，占全省土地总面积的12.33%（表3-1、图3-1）。

表3-1　湖南省岩溶区石漠化土地状况表

岩溶土地类型	面积/万 hm^2	占岩溶地区面积比例/%	占全省土地面积比例/%	区划小班个数/个	平均小班面积/ hm^2
合计	549.64	100.00	25.95	763241	7.2
石漠化土地	125.14	22.77	5.91	207833	6.0
潜在石漠化土地	163.37	29.72	7.71	196188	8.3
非石漠化土地	261.13	47.51	12.33	359220	7.3

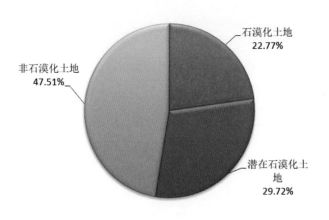

图3-1　湖南省岩溶区石漠化土地状况面积比例图

第一节　岩溶土地现状

一、岩溶土地按行政区域分

岩溶土地中，岩溶面积以永州市最大，为93.99万 hm²，以下依次为邵阳市、湘西土家族苗族自治州（以下简称湘西州）、郴州市、张家界市、娄底市、怀化市、常德市、衡阳市、益阳市、株洲市、湘潭市、岳阳市（表3-2、图3-2）。

表 3-2　岩溶土地状况分市州统计表

调查单位	面积 / 万 hm²	排序	比例 /%
合计	549.64		100.00
永州市	93.99	1	17.10
邵阳市	93.61	2	17.03
湘西州	84.08	3	15.30
郴州市	53.17	4	9.68
张家界市	52.45	5	9.54
娄底市	44.78	6	8.15
怀化市	44.03	7	8.01
常德市	25.36	8	4.61
衡阳市	18.10	9	3.29
益阳市	14.85	10	2.70
株洲市	14.08	11	2.56
湘潭市	6.76	12	1.23
岳阳市	4.38	13	0.80

 单位: 万 hm²

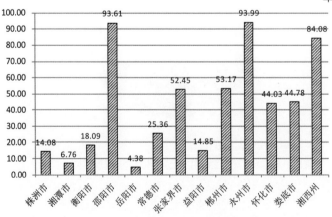

图 3-2　湖南各市州岩溶土地面积图

二、岩溶土地状况按流域分

岩溶土地涉及13个流域，岩溶面积以湘江衡阳以上流域最大，为143.25万 hm² (表3-3、图3-3)。

表3-3 岩溶区面积按流域分

一级流域	二级流域	三级流域	面积 / 万 hm²	占岩溶地区面积比例 /%	三级流域岩溶土地面积排序
合计			549.64	100	
长江流域	洞庭湖水系	湘江衡阳以上	143.25	26.06	1
		湘江衡阳以下	56.07	10.2	5
		沅江浦市镇以上	54.46	9.91	6
		沅江浦市镇以下	88.59	16.12	2
		资水冷水江以上	86.83	15.8	3
		资水冷水江以下	34.48	6.27	7
		澧水	67.23	12.23	4
		洞庭湖环湖区	3.14	0.57	9
	宜昌至湖口	城陵矶至湖口右岸	1.34	0.25	11
	鄱阳湖水系	赣江栋背以上	0.72	0.13	12
珠江流域	北江	北江大坑口以上	11.28	2.05	8
	西江	桂贺江	2.10	0.38	10
	红柳江	柳江	0.15	0.03	13

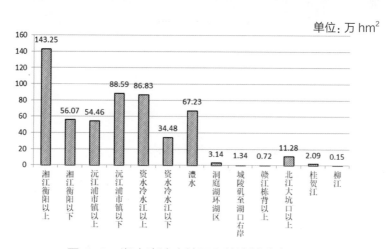

图3-3 湖南岩溶土地面积按流域分布图

三、岩溶土地状况按岩溶地貌分

岩溶土地共涉及8个岩溶地貌，岩溶面积以岩溶山地类型最大，为278.09万 hm²（表3-4、图3-4）。

表3-4　岩溶区面积按岩溶地貌分

岩溶地貌类型	面积/万 hm²	排序	比例/%
合计	549.64		
岩溶山地	278.09	1	50.60
岩溶丘陵	248.34	2	45.18
峰丛洼地	10.02	3	1.82
孤峰残丘及平原	5.49	4	1.00
岩溶槽谷	4.18	5	0.76
峰林洼地	2.31	6	0.42
岩溶断陷盆地	1.16	7	0.21
岩溶峡谷	0.05	8	0.01

单位：万 hm²

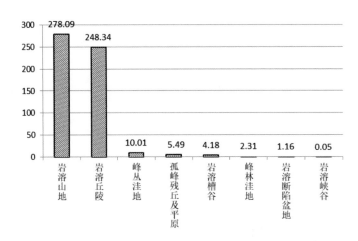

图3-4　湖南岩溶土地面积按岩溶地貌分布图

四、岩溶土地状况按土地利用类型分

岩溶土地的土地利用类型按一级地类分，面积最大的为林地，达361.19万 hm²，占岩溶土地总面积的65.71%；其次为耕地，面积155.42万 hm²，占28.28%；以下依次为建设用地、水域、未利用地和草地（表3-5、图3-5）。

表 3-5 岩溶土地状况按土地利用类型统计表

地类		面积 / 万 hm²	比例 /%	排序
合计		549.64	100.00	
林地	小计	361.19	65.71	
	有林地	246.90	44.92	1
	灌木林地	88.43	16.09	3
	其他林地	25.86	4.70	5
耕地	小计	155.42	28.28	
	水田	106.31	19.34	2
	旱地	45.38	8.26	4
	梯土化旱地	3.72	0.68	8
草地		0.55	0.10	10
未利用地		0.74	0.14	9
建设用地		20.91	3.80	6
水域		10.83	1.97	7

单位: 万 hm²

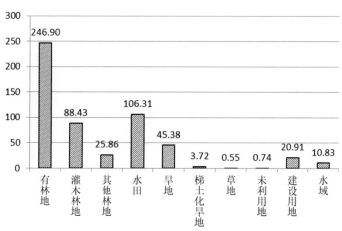

图 3-5 岩溶土地分土地利用类型面积分布图

五、岩溶土地植被类型与植被综合盖度状况

(一) 岩溶土地的植被类型

岩溶土地的植被类型分为乔木型、灌木型、草本型、旱地作物型、无植被型5类，开展植被类型调查面积517.89万 hm²（林业生产辅助用地、水域、建设用地3类不作植被调查），占岩溶土地总面积的94.22%。各植被类型情况如下。

岩溶土地上的植被类型以乔木型为主，面积为258.08万 hm²，占岩溶土地总面积的46.95%，占开展植被类型调查岩溶土地面积的49.83%；以下依次为旱地作物型、灌木型、草本型及无植被型，面积分别为155.42万 hm²、89.65万 hm²、14.44万 hm²和0.30万 hm²；分别占开展植被类型调查岩溶土地面积的30.01%、17.31%、2.79%和0.06%（表3-6）。

表3-6　岩溶土地植被类型统计表

植被类型	面积 / 万 hm²	排序	比例 /%
合　计	517.89		
乔木型	258.08	1	49.83
旱地作物型	155.42	2	30.01
灌木型	89.65	3	17.31
草本型	14.44	4	2.79
无植被型	0.30	5	0.06

（二）岩溶土地的植被综合盖度状况

岩溶土地植被综合盖度状况详见表3-7。与植被类型调查相同，林业生产辅助用地、水域、建设用地3类不作植被盖度调查，因此参与植被综合盖度调查岩溶土地面积为517.89万 hm²，占岩溶土地总面积的94.22%。

表3-7　岩溶土地分植被综合盖度统计表

植被综合盖度	面积 / 万 hm²	占植被盖度调查面积比例 /%
合　计	517.89	
10% 以下	0.14	0.03
10%~19%	4.37	0.84
20%~29%	10.10	1.95
30%~39%	34.63	6.69
40%~49%	84.13	16.25
50%~59%	64.79	12.51
60%~69%	71.42	13.79
70%~79%	56.42	10.89
80%~89%	28.63	5.53
90% 以上	7.84	1.51
30%~49%（耕地）	155.41	30.01

第二节 石漠化土地现状

一、全省石漠化土地状况

全省石漠化土地面积中，轻度石漠化面积54.63万 hm²，占石漠化土地面积的43.65%；中度石漠化面积51.78万 hm²，占石漠化土地面积的41.38%；重度石漠化面积17.32万 hm²，占石漠化土地面积的13.85%；极重度石漠化1.41万 hm²，占石漠化土地面积的1.12%。湖南省石漠化土地以轻度石漠化和中度石漠化土地为主（表3-8、图3-6）。

表 3-8 分市州石漠化土地面积统计表

市（州）	岩溶区面积 / 万 hm²	石漠化土地						
		小计 / 万 hm²	占百分比 /%	排序	轻度 / 万 hm²	中度 / 万 hm²	重度 / 万 hm²	极重度 / 万 hm²
合计	549.64	125.14	100		54.63	51.78	17.32	1.41
邵阳市	93.61	23.42	18.72	1	9.6	11.02	2.61	0.19
湘西州	84.08	20.84	16.65	2	10.84	8.17	1.78	0.05
永州市	93.99	17.38	13.89	3	5.81	7.21	3.95	0.41
张家界市	52.45	13.73	10.97	4	6.09	6.13	1.44	0.07
郴州市	53.17	11.5	9.19	5	5.62	4.23	1.53	0.12
娄底市	44.78	10.69	8.54	6	3.52	4.15	2.64	0.38
怀化市	44.03	7.52	6.01	7	3.75	2.76	0.96	0.05
常德市	25.36	6.96	5.56	8	3.41	2.5	1.02	0.03
衡阳市	18.09	5.93	4.74	9	2.25	3.01	0.64	0.03
益阳市	14.85	2.89	2.31	10	1.65	0.92	0.31	0.01
株洲市	14.09	2.22	1.77	11	1.08	0.93	0.21	
湘潭市	6.76	1.1	0.88	12	0.7	0.3		0.01
岳阳市	4.38	0.96	0.77	13	0.31	0.45	0.14	0.06

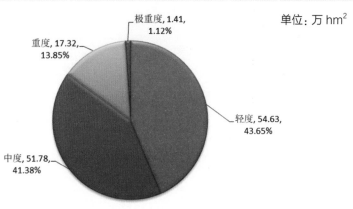

图 3-6 湖南石漠化土地分程度面积比例图

二、石漠化土地状况按流域分

全省有12个流域分布有石漠化土地（湖南省柳江流域岩溶土地上没有石漠化土地分布），以湘江衡阳以上流域面积最大，为28.79万hm²、占石漠化土地总面积的23.00%（表3-9、图3-7）。

表3-9　石漠化程度状况按流域分统计表

流域	岩溶区面积/万hm²	石漠化土地						
		小计/万hm²	排序	占石漠化土地面积比例/%	轻度/万hm²	中度/万hm²	重度/万hm²	极重度/万hm²
合计	549.49	125.14		100.00	54.63	51.78	17.32	1.41
湘江衡阳以上	143.26	28.79	1	23.00	11.37	12.13	4.78	0.51
湘江衡阳以下	56.07	10.87	6	8.69	5.18	4.36	1.23	0.10
沅江浦市镇以上	54.45	12.39	5	9.90	5.89	5.01	1.36	0.13
沅江浦市镇以下	88.58	18.67	4	14.92	10.40	6.69	1.56	0.02
资水冷水江以上	86.83	21.78	2	17.40	8.68	10.49	2.44	0.17
资水冷水江以下	34.48	8.22	7	6.57	2.95	2.94	2.05	0.28
澧水	67.23	19.22	3	15.36	8.26	8.29	2.57	0.10
洞庭湖环湖区	3.14	0.72	10	0.58	0.20	0.34	0.12	0.06
城陵矶至湖口右岸	1.35	0.24	11	0.19	0.11	0.10	0.02	0.01
赣江栋背以上	0.72	0.07	12	0.06	0.06	0.01	0.00	0.00
北江大坑口以上	11.28	3.41	8	2.72	1.52	1.33	0.53	0.03
桂贺江	2.10	0.76	9	0.61	0.01	0.09	0.66	0.00

单位：万hm²

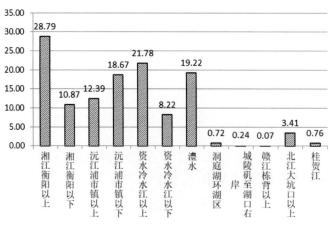

图3-7　湖南石漠化土地分流域分布图

三、石漠化土地状况按岩溶地貌分

全省石漠化土地中共涉及7个岩溶地貌（岩溶峡谷中无石漠化土地分布），石漠化面积以岩溶山地类型最大，为66.36万 hm^2（表3-10、图3-8）。

表3-10　石漠化程度状况按岩溶地貌分

岩溶地貌类型	岩溶区面积/万 hm^2	石漠化土地					
		小计/万 hm^2	轻度/万 hm^2	中度/万 hm^2	重度/万 hm^2	极重度/万 hm^2	占石漠化面积比例/%
合计	549.59	125.14	54.63	51.78	17.33	1.41	100.00
岩溶山地	278.09	66.36	30.86	26.31	8.62	0.56	53.03
岩溶丘陵	248.34	53.58	21.65	23.13	8.03	0.77	42.82
峰丛洼地	10.01	2.39	1.02	1.05	0.30	0.02	1.91
孤峰残丘及平原	5.5	0.29	0.11	0.11	0.04	0.03	0.23
岩溶槽谷	4.18	1.58	0.69	0.70	0.18	0.00	1.26
峰林洼地	2.31	0.76	0.22	0.42	0.12	0.01	0.61
岩溶断陷盆地	1.16	0.18	0.07	0.06	0.04	0.02	0.14

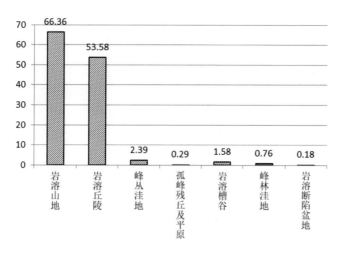

图3-7　湖南石漠化土地分岩溶地貌面积分布图

四、石漠化土地按土地利用类型分

石漠化土地中各土地利用类型面积为：

① 林地107.03万 hm^2，占石漠化土地面积的85.53%。其中：有林地53.43万 hm^2，

占石漠化土地中林地面积的49.92%；疏林地3.05万hm²，占2.85%；灌木林地35.49万hm²，占33.15%；未成林造林地5.64万hm²，占5.27%；无立木林地3.74万hm²，占3.50%；宜林地5.68万hm²，占石漠化土地中林地面积的5.31%。

②耕地17.05万hm²，占石漠化土地面积的13.62%。其中：旱地17.05万hm²，占石漠化土地中耕地面积的100%。

③草地0.40万hm²，占石漠化土地面积的0.32%。其中：天然草地0.10万hm²，占石漠化土地中草地面积的25%；改良草地0.26万hm²，占65%；人工草地0.04万hm²，占10%。

④未利用地0.66万hm²，占石漠化土地面积的0.52%（表3-11、图3-8）。

表3-11　石漠化程度状况分地类统计表（单位：万hm²）

石漠化土地程度	合计	土地利用类型													未利用地
		林地							耕地		草地				
		小计	有林地	疏林地	灌木林地	未成林造林地	无立木林地	宜林地	小计	旱地	小计	天然草地	改良草地	人工草地	
小计	125.14	107.03	53.43	3.05	35.49	5.64	3.74	5.68	17.05	17.05	0.40	0.10	0.26	0.04	0.66
轻度	54.63	52.74	32.79	1.69	13.68	3.73	0.33	0.51	1.87	1.87	0.01			0.01	0.01
中度	51.78	39.74	16.34	0.98	15.33	1.50	2.23	3.37	11.92	11.92	0.05	0.03	0.01	0.01	0.07
重度	17.32	13.95	4.30	0.35	6.48	0.39	0.92	1.51	2.95	2.95	0.22	0.03	0.17	0.02	0.20
极重度	1.41	0.60		0.03		0.02	0.26	0.29	0.31	0.31	0.12	0.04	0.08		0.38

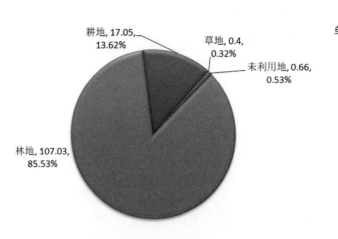

图3-8　湖南石漠化土地各程度面积比例图

五、石漠化土地的植被类型与植被综合盖度状况

（一）石漠化土地的植被类型状况

石漠化土地上的植被类型以乔木型为主，面积为61.23万 hm²，占石漠化土地总面积的48.93％；灌木型次之（表3-12）。

表3-12 岩溶土地植被类型统计表

植被类型	石漠化土地面积 / 万 hm²	排序	占石漠化土地百分比 /%
合计	125.14		
乔木型	61.23	1	48.93
灌木型	36.37	2	29.07
草丛型	10.22	4	8.16
旱地作物型	17.05	3	13.63
无植被型	0.27	5	0.21

（二）植被综合盖度状况

石漠化土地植被综合盖度状况详见表3-13。

表3-13 石漠化土地分植被综合盖度统计表

植被综合盖度	石漠化土地程度 / 万 hm²					占石漠化土地比例 /%
	小计	轻度石漠化	中度石漠化	重度石漠化	极重度石漠化	
合计	125.14	54.63	51.78	17.33	1.41	100.00
10% 以下	0.13	0.00	0.00	0.01	0.12	0.10
10%~19%	3.22	0.00	1.07	1.48	0.67	2.57
20%~29%	7.55	0.91	4.13	2.23	0.28	6.04
30%~39%	27.61	11.37	10.68	5.54	0.02	22.06
40%~49%	67.01	38.46	23.52	5.03	0.00	53.55
50%~59%	1.57	1.21	0.29	0.07	0.00	1.26
60%~69%	0.76	0.59	0.15	0.02	0.00	0.60
70%~79%	0.24	0.22	0.02	0.00	0.00	0.19
30%~49%（耕地）	17.05	1.87	11.92	2.95	0.31	13.63

第三节　潜在石漠化土地现状

一、全省潜在石漠化土地状况

全省岩溶土地中，潜在石漠化土地面积163.37万 hm²，占岩溶地区面积的29.72%，占全省土地总面积的7.71%，表明潜在威胁大，防治任务重。潜在石漠化土地面积以湘西州最大，为36.33万 hm²，占湖南省潜在石漠化土地面积的22.25%（表3-14）。

表3-14　潜在石漠化土地状况分市州统计表

市（州）	岩溶区面积／万hm²	潜在石漠化土地／万hm²	排序	占潜在石漠化土地面积比例／%
合计	549.64	163.37		100.00
湘西州	84.08	36.33	1	22.25
张家界市	52.45	26.37	2	16.14
邵阳市	93.61	25.95	3	15.88
永州市	93.99	13.93	4	8.53
常德市	25.36	12.31	5	7.53
怀化市	44.03	12.16	6	7.44
郴州市	53.17	9.67	7	5.92
益阳市	14.85	7.39	8	4.53
娄底市	44.78	7.35	9	4.50
株洲市	14.09	5.43	10	3.32
衡阳市	18.09	3.61	11	2.21
岳阳市	4.38	1.59	12	0.97
湘潭市	6.76	1.28	13	0.78

单位：万hm²

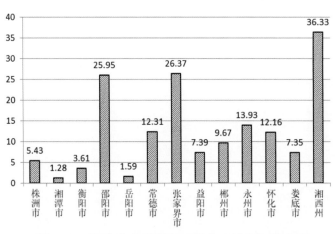

图3-8　湖南分市州潜在石漠化土地面积分布图

二、潜在石漠化土地状况按流域分

全省13个三级流域均分布有潜在石漠化土地，其中以沅江浦市镇以下流域面积分布最大，为36.66万 hm^2（表3-15）。

表3-15 潜在石漠化土地状况按流域分统计表

流域	岩溶区面积/万 hm^2	潜在石漠化土地/万 hm^2	排序	占潜在石漠化土地面积比例/%
合计	549.64	163.37		100.00
沅江浦市镇以下	88.59	36.66	1	22.44
澧水	67.23	34.05	2	20.84
湘江衡阳以上	143.25	23.74	3	14.53
资水冷水江以上	86.83	22.49	4	13.77
沅江浦市镇以上	54.46	18.31	5	11.21
湘江衡阳以下	56.07	12.72	6	7.79
资水冷水江以下	34.48	10.07	7	6.17
北江大坑口以上	11.28	3.19	8	1.95
洞庭湖环湖区	3.14	1.03	9	0.63
城陵矶至湖口右岸	1.34	0.56	10	0.34
桂贺江	2.10	0.33	11	0.2
柳江	0.15	0.12	12	0.07
赣江栋背以上	0.72	0.10	13	0.06

三、潜在石漠化土地状况按岩溶地貌分

潜在石漠化土地共涉及8个岩溶地貌，其中以岩溶山地类型面积最大，为108.83万 hm^2（表3-16）。

表3-16 潜在石漠化土地状况按岩溶地貌分统计表

岩溶地貌	岩溶区面积/万 hm^2	潜在石漠化土地/万 hm^2	排序	占潜在石漠化土地面积比例/%
合计	549.64	163.37		100.00
岩溶山地	278.09	108.83	1	50.60
岩溶丘陵	248.34	45.53	2	45.18
峰丛洼地	10.01	5.36	3	1.82

续表

岩溶地貌	岩溶区面积 / 万 hm²	潜在石漠化土地 / 万 hm²	排序	占潜在石漠化土地面积比例 /%
孤峰残丘及平原	5.50	0.33	4	1.00
岩溶槽谷	4.18	2.07	5	0.76
峰林洼地	2.31	1.04	6	0.42
岩溶断陷盆地	1.16	0.20	7	0.21
岩溶峡谷	0.05	0.01	8	0.01

四、潜在石漠化土地按土地利用类型分

① 林地161.72万 hm²，占潜在石漠化土地面积的98.99%。其中：有林地126.96万 hm²，占潜在石漠化土地中林地面积的78.50%；灌木林地34.76万 hm²，占潜在石漠化土地中林地面积的21.50%。

② 耕地1.65万 hm²，都是梯土化耕地，占潜在石漠化土地面积的1.01%。

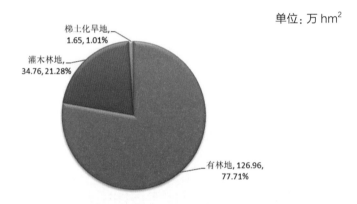

单位: 万 hm²

梯土化旱地，
1.65, 1.01%

灌木林地，
34.76, 21.28%

有林地，126.96,
77.71%

图 3-9   潜在石漠化土地分土地利用类型面积比例图

五、潜在石漠化土地植被综合盖度状况

潜在石漠化土地植被综合盖度集中分布在50%~59%、60%~69%及70%~79%之间，三者合计面积达136.35万 hm²，占潜在石漠化土地总面积的83.46%（表3-17）。

表 3-17   潜在石漠化土地分植被综合盖度统计表

综合盖度	潜在石漠化土地 / 万 hm²	排序	占潜在石漠化土地面积比例 /%
合计	163.37		100.00
50%~59%	48.06	2	29.41
60%~69%	51.29	1	31.40

综合盖度	潜在石漠化土地/万 hm²	排序	占潜在石漠化土地面积比例/%
70%~79%	37.00	3	22.65
80%~89%	19.70	4	12.06
90%以上	5.67	5	3.47
30%~49%（耕地）	1.65	6	1.01

第四节　湖南省石漠化土地分布规律和特点

一、石漠化土地主要集中区域

根据监测结果结合 GIS 软件观察湖南省石漠化土地分布，湖南省石漠化土地主要集中在武陵山脉山地岩溶区、衡邵干旱走廊岩溶区和南岭山脉山地—丘陵岩溶区3个区域。这3个区域共涉及42个监测单位，石漠化面积104.55万 hm²，潜在石漠化面积130万 hm²，占全省石漠化和潜在石漠化面积的83.55%和79.57%，其他县（市、区）为零散分布。

（一）武陵山脉山地岩溶区

包括慈利、永定、桑植、永顺、龙山、保靖、花垣、古丈、凤凰、吉首、泸溪、石门、桃源、麻阳、沅陵、溆浦、澧县17县（市、区）岩溶地区石漠化面积46.49万 hm²，潜在石漠化面积80.93万 hm²，占全省石漠化和潜在石漠化面积的37.15%和49.54%。

（二）衡邵干旱走廊岩溶区

包括涟源、新化、邵东、双峰、新邵、邵阳、隆回、洞口、武冈、新宁10县（市、区），岩溶地区石漠化面积30.38万 hm²，潜在石漠化面积29.83万 hm²，占全省石漠化和潜在石漠化面积的24.28%和18.26%。

（三）南岭山脉山地—丘陵岩溶区

包括东安、冷水滩、祁阳、耒阳、常宁、祁东、桂阳、临武、嘉禾、宜章、宁远、道县、江华、江永、新田15县（市、区），岩溶地区石漠化面积27.68万 hm²，潜在石漠化面积19.24万 hm²，占全省石漠化和潜在石漠化面积的22.12%和11.78%。

二、潜在石漠化土地的植被较好

　　湖南省潜在石漠化土地上植被类型以乔木型为主，乔木型面积达126.95万 hm²，占潜在石漠化土地面积的77.71%。潜在石漠化土地的植被综合盖度主要集中在50%~79%，该区间内的潜在石漠化土地面积达136.35万 hm²，占潜在石漠化土地面积的83.46%。提高植被综合盖度是科学降低石漠化程度、保持水土使石漠化状况不发生恶化的最绿色、最有效、最经济的方法。近年来，湖南省在岩溶土地上展开了一系列的林草植被恢复措施，包括人工造林、封山育林（草）、人工种草等措施，这些措施涵盖石漠化综合治理工程、退耕还林还草工程、长江珠江防护林工程、农业综合开发工程、小流域综合治理工程、森林抚育工程等一系列重点工程，监测结果表明这些工程对于石漠化土地的恢复和水土保持发挥了巨大的作用（图3-10）。

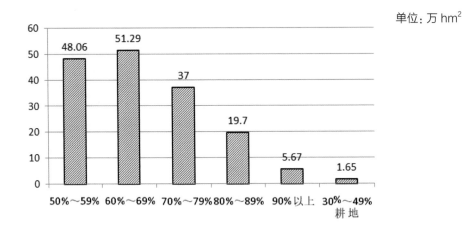

图3-10　湖南省潜在石漠化植被综合盖度面积分布图

三、石漠化土地主要发生在岩溶山地和岩溶丘陵等岩溶地貌类型

　　湖南省岩溶土地共有8个岩溶地貌，岩溶山地和岩溶丘陵是湖南省岩溶地区的主要岩溶地貌，面积达526.45万 hm²，占岩溶区面积的95.78%，其他6个岩溶地貌类型仅占4.22%。8个岩溶地貌中除岩溶峡谷外，7个分布有石漠化土地。岩溶山地和岩溶丘陵的土地发生石漠化的面积为119.94万 hm²，占石漠化土地面积的95.84%，是石漠化土地的主要岩溶地貌。通过石漠化现状与地貌类型的空间叠加分析发现，不同类型地貌中的石漠化发生率存在着较明显的差异，虽然石漠化土地面积多分布于岩溶山地和岩溶丘陵等岩溶地貌中，但岩溶槽谷和峰林洼地更易发生土地石漠化，它们的石漠化发生率分别为37.80% 和33.04%（表3-18、图3-11、图3-12）。

表 3-18　石漠化在各岩溶地貌的发生率统计表

岩溶地貌	岩溶土地 / 万 hm²	石漠化土地 / 万 hm²	石漠化发生率 /%
岩溶山地	278.10	66.36	23.86
岩溶丘陵	248.35	53.58	21.57
峰丛洼地	10.02	2.39	23.85
孤峰残丘及平原	5.49	0.29	5.28
岩溶槽谷	4.18	1.58	37.80
峰林洼地	2.30	0.76	33.04
岩溶断陷盆地	1.15	0.18	15.65
岩溶峡谷	0.05	0.00	0.00

单位: 万 hm²

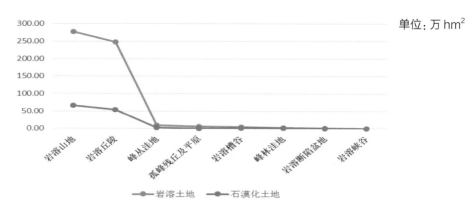

图 3-11　湖南省岩溶土地、石漠化土地分岩溶地貌面积折线图

单位: %

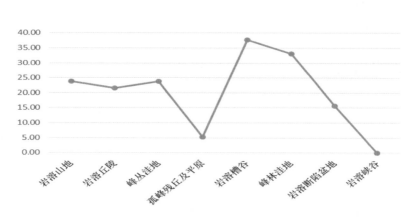

图 3-12　湖南省岩溶土地分岩溶地貌石漠化发生率折线图

第五节　石漠化土地危害状况

一、生态系统退化，扶贫开发难度大

石漠化地区面临着生态退化和贫困化的双重压力，贫困是导致生态退化的根源，生态退化又加剧了贫困化。由于大部分石漠化地区广种薄收，经济效益低下，既阻碍了区域社会经济协调发展，又成为制约农村脱贫致富的主要原因。据统计，到2016年，全省贫困人口接近445万人，监测县就有贫困人口373.53万人，占全省贫困人口的83.94%。全省20个国家扶贫县中19个分布在岩溶区，主要分布在湘西和邵阳，这些区域农民人均纯收入仅为全省平均水平的一半，且差距有继续加大趋势。根据本次监测结果，石漠化和潜在石漠化面积在4.5万 hm² 以上的有23个县（市、区），占总监测县总数的27.71%，其中有桑植、永顺、安化、龙山、凤凰、隆回、新化、邵阳、沅陵、保靖、花垣11个县（市、区）属于国家扶贫县。这23个县（市、区）的地方财政收入为149.77亿元，占岩溶地区地方财政收入的23.01%，平均每个县（市、区）的地方财政收入仅为6.51亿元，占全省平均地方财政收入20.60亿元的31.60%，地方财政较为困难。地方财政支持生态治理和扶贫开发资金有限，致使许多石漠化地区成为湖南省生态退化严重、扶贫开发难度较大的区域。

二、土地石漠化影响了生物多样性

土地石漠化导致岩溶生态系统的进一步退化，生境恶化，加剧了岩溶系统的脆弱性。土壤浅薄、土壤颗粒的吸附能力差造成土壤肥力下降，岩溶生态系统内植物种群数量下降，使植被结构简单化，破坏了生物种群多样性；特定的土壤条件对岩溶生物群落的控制作用强烈，植被一旦遭受破坏，逆向演替快，而顺向演替慢，且生产速率慢、绝对生长量小，生物总储蓄量减小。

三、旱涝灾害频发，可利用的水资源短缺

湖南省石漠化地区因特殊的地质条件，土壤和植被稀少，水源涵养能力差，导致生态系统脆弱，森林蓄水效应难以发挥，调蓄地表水和地下水的能力弱。遇到中到大雨，地表径流就携带着泥沙迅速汇集低洼处，产生严重的内涝；而天干无雨时又易出现干旱。冬春期间，湖南省石漠化地区不少山溪小河水源枯竭，这不仅影响农业灌溉用水，而且造成人畜饮水困难。据初步调查，目前湖南省石漠化地区有100多万人存在饮水困难，每年要花费较大的财力解决缺水问题。湖南省洞口县杨林乡的联盟村、峨峰村等石漠化地区的群众，每年缺水达4个月；永顺县抚志乡、朗溪乡的部分石漠化地区虽然年均降雨量达1300 mm，村民仍需去10 km 外的地方取水。

第四章 湖南岩溶石漠化变化动态

第一节 石漠化状况总体动态变化

2005年岩溶区第一次石漠化监测，监测岩溶土地面积543.62万 hm^2，其中石漠化土地147.89万 hm^2，占岩溶区面积的27.20%；潜在石漠化土地143.77万 hm^2，占26.45%；非石漠化土地251.96万 hm^2，占46.35%。

2011年岩溶区第二次石漠化监测，监测岩溶土地面积549.46万 hm^2，其中石漠化土地143.07万 hm^2，占岩溶区面积的26.04%；潜在石漠化土地156.41万 hm^2，占28.47%；非石漠化土地249.98万 hm^2，占45.49%。

2016年岩溶区第三次石漠化监测，监测岩溶土地面积549.64万 hm^2，其中石漠化面积125.14万 hm^2，占岩溶区面积的22.77%；潜在石漠化面积163.37万 hm^2，占29.72%；非石漠化面积261.13万 hm^2，占47.51%。

三次石漠化监测过程中，第二次监测时要求将所有监测村级区域内未纳入第一次监测的范围纳入第二次监测，导致监测面积比第一次监测面积扩大5.84万 hm^2，占最终监测范围的1.06%；第三次监测面积比第二次监测面积扩大0.18万 hm^2，占最终监测范围的0.03%，主要是因为监测期间省级行政界线变动及坐标投影转换误差引发的；因为三次监测期间监测面积变化相对较小，为便于结果比较，可认为三次监测范围是一致的。

第三次监测与第一次监测共11年间，岩溶区石漠化土地由2005年的147.89万 hm^2 减少为2016年的125.14万 hm^2，减少面积22.75万 hm^2，变动率为-15.38%；潜在石漠化土地由2005年143.77万 hm^2 增加为2016年的163.37万 hm^2，增加面积19.60万 hm^2，变动率为13.63%；非石漠化土地由2005年251.96万 hm^2 增加为2016年的261.13万 hm^2，增加面积9.17万 hm^2，变动率为3.64%。

第二次监测与第一次监测6年间，岩溶区石漠化土地由147.89万 hm^2 减少为143.07万 hm^2，减少面积4.82万 hm^2，变动率为-3.26%；潜在石漠化土地由143.77万 hm^2 增加为156.41万 hm^2，增加面积12.64万 hm^2，变动率为8.79%。

第三次监测与第二次监测5年间，岩溶区石漠化土地由143.07万 hm^2 减少为125.14万 hm^2，减少面积17.93万 hm^2，变动率为-12.53%；潜在石漠化土地由156.41万 hm^2 增加为163.37万 hm^2，增加面积6.96万 hm^2，变动率为4.45%。可以看出，在石漠化土地变动速率在2011~2016年间比2005~2011年间明显加快（表4-1、图4-1）。

表4-1　石漠化状况监测结果动态变化表

数据来源		岩溶面积	石漠化土地	潜在石漠化土地	非石漠化土地
第一次（2005年）/万 hm²		543.62	147.89	143.77	251.96
第二次（2011年）/万 hm²		549.46	143.07	156.41	249.98
第三次（2016年）/万 hm²		549.64	125.14	163.37	261.13
第三次与第一次	变动值/万 hm²	6.02	−22.75	19.60	9.17
	变动率/%	1.11	−15.38	13.63	3.64
	年均变动率/%	0.1	−1.51	1.17	0.33
第二次与第一次	变动值/万 hm²	5.84	−4.82	12.64	−1.98
	变动率/%	1.07	−3.26	8.79	−0.79
	年均变动率/%	0.18	−0.55	1.41	−0.13
第三次与第二次	变动值/万 hm²	0.18	−17.93	6.96	11.15
	变动率/%	0.03	−12.53	4.45	4.46
	年均变动率/%	0.01	−2.64	0.87	0.88

注：变动率 $P = (Q_2 - Q_1)/Q_1 \times 100\%$，$Q_1$、$Q_2$ 分别指前次、后次监测数据。

年均变动率 $R = (\sqrt[n]{Q_2/Q_1} - 1) \times 100\%$，$Q_1$、$Q_2$ 分别指前次、后次监测数据，n 指监测间隔期。

单位: 万 hm²

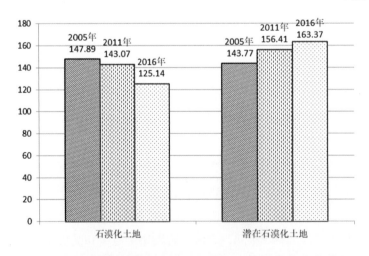

图4-1　湖南省石漠化与潜在石漠化土地面积变化趋势图

第二节 岩溶土地动态变化

一、石漠化土地动态变化

第二次监测石漠化土地总面积为143.07万 hm²，其中可比较范围内前期石漠化土地面积为142.40万 hm²，占前期石漠化土地总面积的99.53%。

可比较范围内，石漠化土地动态变化如下。

① 仍为石漠化土地的面积为112.86万 hm²，占前期石漠化土地面积的79.26%。

② 转变为潜在石漠化土地的面积21.35万 hm²，占前期石漠化土地面积的14.99%。

③ 转变为非石漠化土地的面积8.19万 hm²，占前期石漠化土地面积的5.75%（图4-2）。

单位: 万 hm²

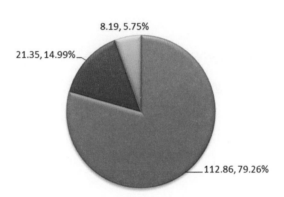

■石漠化 ■潜在石漠化 ■非石漠化

图4-2 石漠化土地动态变化情况图

二、潜在石漠化土地动态变化

第二次监测潜在石漠化土地总面积为156.41万 hm²，其中可比较范围内为156.17万 hm²，占总面积的99.85%。

可比较范围内，潜在石漠化土地动态变化：

① 仍为潜在石漠化土地的面积为138.46万 hm²，占前期潜在石漠化土地总面积的88.66%。

② 逆向转变为石漠化土地面积为9.72万 hm²，占前期潜在石漠化土地总面积的6.22%。

③ 顺向转出为非石漠化土地的面积7.99万 hm²，占前期潜在石漠化土地总面积的5.12%（图4-3）。

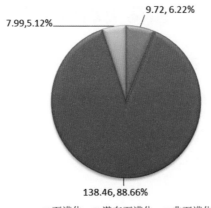

单位：万 hm²

图4-3　潜在石漠化土地动态变化图

三、非石漠化土地动态变化

第二次监测非石漠化土地总面积为249.98万 hm²，其中可比较范围内为248.99万 hm²，占总面积的99.60%。

在可比范围内，非石漠化土地动态变化如下。

① 仍为非石漠化土地的面积为243.23万 hm²，占前期非石漠化土地总面积的97.69%。

② 转变为石漠化土地2.39万 hm²，占前期非石漠化土地总面积的0.96%。

③ 转变为潜在石漠化土地3.37万 hm²，占前期非石漠化土地总面积的1.35%（图4-4）。

单位：万 hm²

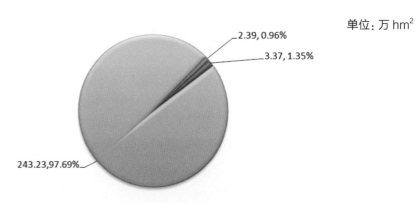

图4-4　非石漠化土地动态变化情况图

第三节 岩溶土地动态变化原因分析

一、石漠化土地动态变化原因

（一）石漠化土地转变为潜在石漠化土地

在可比范围内，前期石漠化土地转变为潜在石漠化土地的面积为21.35万 hm^2，排除技术因素后有12.49万 hm^2 石漠化土地发生变化。具体变化如下。

① 自然修复3.63万 hm^2，占变化总面积的29.05%。

② 封山管护3.45万 hm^2，占变化总面积的27.66%。

③ 封山育林（草）1.83万 hm^2，占变化总面积的14.66%。

④ 人工造林3.42万 hm^2，占变化总面积的27.37%。

⑤ 林分改良0.08万 hm^2，占变化总面积的0.66%。

⑥ 其他林草措施0.02万 hm^2，占变化总面积的0.15%。

⑦ 其他农业技术措施0.06万 hm^2，占变化总面积的0.45%。

石漠化土地转为潜在石漠化土地，主要原因是采取林草措施的治理因素，包括封山管护、封山育林（草）、人工造林、林分改良、其他林草措施等，占变化总面积的70.49%，是石漠化顺向转化的主导因素；其次是自然修复，占变化总面积的29.05%。因此，在岩溶地区继续推行林草植被恢复工程，加上湖南省优越的雨热条件能有效恢复石漠化地区生态功能，减少水土流失、改善生态环境。

（二）石漠化土地转变为非石漠化土地

石漠化土地转变成非石漠化土地的面积为8.19万 hm^2，排除技术因素后有0.52万 hm^2 发生变化。变化的主要原因如下。

① 工程建设（土建工程）0.40万 hm^2，占变化总面积的77.85%。

② 其他农业技术措施0.07万 hm^2，占变化总面积的13.19%。

③ 坡改梯工程0.02万 hm^2，占变化总面积的3.17%。

④ 小型水利水保工程0.03万 hm^2，占变化总面积的5.79%。

在该类变化中，占主导地位的是工程建设（土建工程），各类土建工程建设直接改变了石漠化小班的基岩裸露度，是导致石漠化土地转变成非石漠化土地的主要原因。

二、潜在石漠化土地动态变化原因

（一）潜在石漠化土地转变为石漠化土地

在可比范围内，前期潜在石漠化土地转变为石漠化土地的面积为9.72万 hm^2，排除技术因素后有4.22万 hm^2 发生变化。变化主要原因如下。

① 毁林（草）开垦0.28万 hm^2，占变化总面积的6.71%。

② 过牧0.01万 hm^2，占变化总面积的0.30%。

③ 过度樵采0.44万 hm^2，占变化总面积的10.53%。

④ 火烧0.46万 hm^2，占变化总面积的10.84%。

⑤ 工矿工程建设0.02万 hm^2，占变化总面积的0.37%。

⑥ 不适当经营方式2.46万 hm^2，占变化总面积的58.26%。

⑦ 其他人为破坏0.19万 hm^2，占变化总面积的4.52%。

⑧ 地质灾害0.003万 hm^2，占变化总面积的0.07%。

⑨ 灾害性气候0.23万 hm^2，占变化总面积的5.53%。

⑩ 其他灾害0.19万 hm^2，占变化总面积的4.52%。

⑪ 有害生物灾害0.01万 hm^2，占变化总面积的0.20%。

⑫ 工程建设0.01万 hm^2，占变化总面积的0.24%。

潜在石漠化土地转变为石漠化土地，是石漠化土地发生逆向演替的一种，从产生原因的分布情况来看，自然和人为的破坏因素虽均有存在，但以人为原因为主。人为原因中以不适当经营方式较为突出，其次是火烧。

（二）潜在石漠化土地转变为非石漠化土地

在可比范围内，前期潜在石漠化土地转变为石漠化土地的面积为7.99万 hm^2，排除技术因素后有0.49万 hm^2 发生变化。变化的主要原因如下。

① 工程建设（土建工程）0.44万 hm^2，占变化总面积的89.34%。

② 其他农业技术措施0.01万 hm^2，占变化总面积的1.96%。

③ 坡改梯工程0.04万 hm^2，占变化总面积的0.70%。

在该类变化中，占主导地位的是工程建设（土建工程）。

三、非石漠化土地动态变化原因

（一）非石漠化土地转变为石漠化土地

在可比范围内，前期非石漠化土地转变为石漠化土地的面积为2.39万 hm^2，排除技术因素后有0.10万 hm^2 发生变化。变化的主要原因如下。

① 工矿工程建设0.01万 hm^2，占变化总面积的14.55%。

② 地质灾害0.01万 hm^2，占变化总面积的3.64%。

③ 工程建设（土建工程）0.08万 hm^2，占变化总面积的81.81%。

（二）非石漠化土地转变为潜在石漠化土地

在可比范围内，前期非石漠化土地转变为潜在石漠化土地的面积为 3.36 万 hm^2，排除技术因素后有 0.05 万 hm^2 发生变化。变化的主要原因如下。

① 地质灾害 0.01 万 hm^2，占变化总面积的 0.73%。

② 工程建设（土建工程）0.04 万 hm^2，占变化总面积的 99.27%。

综上所述，非石漠化土地的变化主要是工程建设（土建工程），各类土木工程建设直接改变了石漠化小班的基岩裸露度，是导致非石漠化土地变化的主要原因。

第四节 石漠化程度动态变化

一、石漠化土地程度动态变化总体情况

（一）石漠化土地程度面积动态变化

湖南省第三次监测石漠化土地比上次减少 17.93 万 hm^2，减少比例为 12.53%，年均变动率为 2.64%。从表 4-2、图 4-5 中可以看出，各程度石漠化土地均减少。面积方面，中度石漠化土地面积减少最多，减少 6.67 万 hm^2；以下依次为重度、轻度及极重度石漠化，减少面积分别为 5.20 万 hm^2、3.32 万 hm^2 和 2.74 万 hm^2；减少幅度方面，轻度石漠化土地减少幅度最小为 5.73%，中度、重度、极重度石漠化土地减少幅度依次增加，分别为 11.41%、23.08% 和 66.18%。

表 4-2 石漠化土地分程度动态变化表

数据来源	小计	轻度石漠化	中度石漠化	重度石漠化	极重度石漠化
2011 年 / 万 hm^2	143.07	57.95	58.45	22.53	4.14
2016 年 / 万 hm^2	125.14	54.63	51.78	17.33	1.40
变动量 / 万 hm^2	−17.93	−3.32	−6.67	−5.20	−2.74
变动率 /%	−12.53	−5.73	−11.41	−23.08	−66.18
年均变动率 /%	−2.64	−1.17	−2.39	−5.11	−19.49

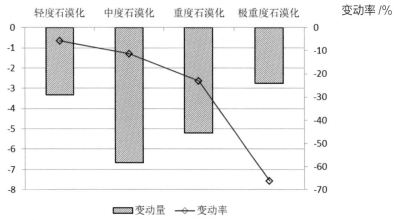

图 4-5　石漠化土地分程度面积变化情况图

（二）石漠化土地程度结构动态变化

由于湖南石漠化土地具有程度越重，两期变化幅度越大的动态变化特征，导致湖南省石漠化土地的程度结构变化整体往轻度方向发展。为表征石漠化程度结构变化情况，可以给不同程度石漠化土地赋予不同权重分值通过其石漠化总面积间的关系计算其石漠化程度指数，详见下式。

$$\frac{\sum CD_i A_i}{\sum A_i} = P$$

式中：

P —— 最终的程度指数

A_i —— 各程度面积比例（常数100）

CD_i —— 各程度权重，具体为轻度石漠化为1、中度石漠化为2、重度石漠化为3、极重度石漠化为4。

通过以上方式计算湖南省第二次、第三次石漠化监测的石漠化程度指数详见表4-3，可以看出湖南省石漠化土地程度总体明显变轻，渐趋好转。

表 4-3　石漠化土地程度结构变化情况表

石漠化程度	第二次				第三次			
	面积 / 万 hm²	比例 /%	权重	指数值	面积 / 万 hm²	比例 /%	权重	指数值
小计	143.07	100			125.14	100		
轻度石漠化	57.95	40.51	1		54.63	43.65	1	
中度石漠化	58.45	40.85	2	1.81	51.78	41.38	2	1.72
重度石漠化	22.53	15.75	3		17.33	13.85	3	
极重度石漠化	4.14	2.89	4		1.40	1.12	4	

单位：万 hm²

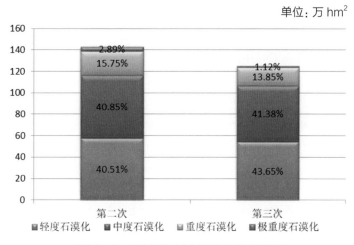

图 4-6　石漠化土地结构变化情况图

二、轻度石漠化土地动态变化

（一）轻度石漠化土地两期总体变化

本期轻度石漠化土地面积 54.63 万 hm²，相比上期减少了 3.32 万 hm²。可比范围内，湖南省轻度石漠化土地面积较上期减少了 3.13 万 hm²，净减 5.43%。轻度石漠化土地面积减少最多的前 10 个县（市、区）分别为：邵东县、古丈县、武陵源区、永定区、双牌县、麻阳苗族自治县、安化县、新田县、慈利县、龙山县。

（二）可比较范围内轻度石漠化土地动态变化

① 仍为轻度石漠化土地的面积为 40.08 万 hm²，占可比范围内前期轻度石漠化土地面积的 69.46%。

② 前期轻度石漠化土地转出为其他土地类型的面积为 17.61 万 hm²（表 4-4）。

表 4-4　轻度石漠化土地面积动态变化表

序号	动态变化			面积 / 万 hm²	占比 /%
1	可比范围内前期轻度石漠土地			57.69	100.00
2	仍为轻度石漠化土地			40.08	69.46
3	轻度石漠土地转出	合计		17.61	30.54
		潜在石漠化土地		9.73	16.87
		非石漠化土地		3.34	5.78
		石漠化土地	中度石漠化	4.41	7.66
			重度石漠化	0.12	0.21
			极重度石漠化	0.01	0.02

三、中度石漠化土地动态变化

（一）中度石漠化土地两期总体变化

本期中度石漠化土地面积 51.78 万 hm²，相比上期减少了 6.67 万 hm²。可比范围内，湖南省中度石漠化土地面积减少了 6.51 万 hm²，净减 11.07%。面积减少最多的前 10 个县（市、区）是桑植县、花垣县、桂阳县、永顺县、石门县、安化县、龙山县、道县、东安县、慈利县。

（二）可比较范围内中度石漠化土地动态变化

① 仍为中度石漠化土地的面积为 37.19 万 hm²，占可比范围内前期中度石漠土地总面积的 63.88%。

② 前期中度石漠化土地转出为其他土地类型的面积为 21.03 万 hm²，占可比范围内前期中度石漠土地总面积的 36.12%（表 4-5）。

表 4-5　中度石漠化土地面积动态变化表

序号	动态变化			面积 / 万 hm²	占比 /%
1	可比范围内前期中度石漠土地			58.22	100.00
2	仍为中度石漠化土地			37.19	63.88
3	中度石漠土地转出	合计		21.03	36.12
		潜在石漠化土地		8.41	14.44
		非石漠化土地		3.21	5.51
		石漠化土地	轻度石漠化	7.84	13.47
			重度石漠化	1.54	2.64
			极重度石漠化	0.03	0.06

四、重度石漠化土地动态变化

（一）重度石漠化土地两期总体变化

重度石漠化土地本期面积为17.33万 hm^2，相比上期减少了5.21万 hm^2。可比范围内，湖南省重度石漠化土地面积减少了5.03万 hm^2，净减22.51%。面积减小最多的前10个县（市、区）是隆回县、永顺县、邵东县、临湘市、祁阳县、新宁县、邵阳县、洞口县、新邵县、双峰县。

（二）可比较范围内重度石漠化土地动态变化

① 仍为重度石漠化土地的面积为13.03万 hm^2，占可比范围内前期重度石漠土地总面积的58.26%。

② 前期重度石漠化土地转出为其他土地类型的面积为9.33万 hm^2，占可比范围内前期重度石漠土地总面积的41.74%（表4-6）。

表4-6 重度石漠化土地面积动态变化表

序号	动态变化			面积 / 万 hm^2	占比 /%
1	可比范围内重度石漠土地二期数据			22.36	100.00
2	两期皆为重度石漠化土地			13.03	58.27
3	重度石漠土地转出	合计		9.33	41.73
		潜在石漠化土地		2.58	11.54
		非石漠化土地		1.33	5.95
		石漠化土地	轻度石漠化	0.67	3.00
			中度石漠化	4.40	19.68
			极重度石漠化	0.35	1.56

五、极重度石漠化土地动态变化

（一）极重度石漠化土地两期总体变化

极重度石漠化土地本期面积为1.41万 hm^2，相比上期减少了2.73万 hm^2。可比范围内，湖南省极重度石漠化土地面积减少了2.71万 hm^2，净减65.87%。面积减少最多的前10个县（市、区）是新化县、江华瑶族自治县、邵东县、江永县、双峰县、慈利县、花垣县、石门县、宁远县、桂阳县。

（二）可比较范围内极重度石漠化土地动态变化

① 仍为极重度石漠化面积为0.95万 hm^2，占可比范围内前期重度石漠土地总面积的

23.16%。

②前期极重度石漠化土地转出为其他土地类型的面积为3.17万 hm²（表4-7）。

表4-7 极重度石漠化土地面积动态变化表

序号	动态变化			面积 / 万 hm²	占比 /%
1	可比范围内极重度石漠土地二期数据			4.12	100.00
2	两期皆为极重度石漠化面积			0.95	23.16
3	极重度石漠土地转出	合计		3.17	76.84
		潜在石漠化土地		0.63	15.21
		非石漠化土地		0.32	7.75
		石漠化土地	轻度石漠化	0.03	0.67
			中度石漠化	0.28	6.92
			重度石漠化	1.91	46.29

第五节 石漠化程度动态变化原因分析

一、石漠化程度动态变化分类

对可比范围内两期的石漠化状况和石漠化程度构建动态变化矩阵，湖南省岩溶地区第三次石漠化监测石漠化动态变化情况详见表4-8。表4-8中括号内（即对角线所在）为两期岩溶土地石漠化状况及程度一致的面积；对角线的右上方为石漠化状况与程度发生好转（即发生顺向演替）的面积，对角线的右下方为石漠化状况与程度发生恶化（即发生逆向演替）的面积。表4-8中各石漠化状况之间的转化情况与变化原因分析，详见本章第二节、第三节；本节主要讨论石漠化土地内部不同石漠化程度间的变化原因；为分析方便，我们将所有程度间的变化分为稳定型（维持前期石漠化程度不变）、顺向演替（前期石漠化程度减轻，表4-8中对角线右上部分）与逆向演替（前期石漠化程度加重，表4-8中对角线左下部分）三种情况。

表4-8　石漠化状况与程度动态变化表（单位：万 hm^2）

本期		前期						
		石漠化土地				潜在石漠化土地	非石漠化土地	总计
		轻度石漠化	中度石漠化	重度石漠化	极重度石漠化			
石漠化土地	轻度石漠化	（40.08）	7.84	0.67	0.03	1.54	4.40	54.56
	中度石漠化	4.42	（37.19）	4.41	0.29	0.73	4.68	51.71
	重度石漠化	0.12	1.54	（13.03）	1.91	0.10	0.60	17.29
	极重度石漠化	0.01	0.03	0.35	（0.95）	0.02	0.04	1.41
潜在石漠化土地		9.73	8.41	2.58	0.63	（138.46）	3.37	163.17
非石漠化土地		3.34	3.21	1.33	0.32	7.99	（243.23）	259.41
总计		57.69	58.22	22.36	4.12	248.99	156.17	（547.56）

注：括号内为两期岩溶土地石漠化状况及程度一致的面积。

二、石漠化程度顺向演替原因

在可比范围内，石漠化土地从程度较重顺向演替到程度较轻的面积15.14万 hm^2，排除技术因素后有11.96万 hm^2 发生变化。

① 工程建设0.12万 hm^2，占顺向演替原因的1.05%。

② 自然修复3.22万 hm^2，占顺向演替原因的26.91%。

③ 林草措施8.58万 hm^2，占顺向演替原因的71.71%。其中：封山管护2.01万 hm^2，占林草措施原因的23.40%；封山育林（草）1.01万 hm^2，占林草措施原因的11.80%；人工造林5.53万 hm^2，占林草措施原因的64.45%；林分改良0.01万 hm^2，占林草措施原因的0.09%；其他林草措施0.02万 hm^2，占林草措施原因的0.26%。

④ 其他农业技术措施0.04万 hm^2，占顺向演替原因的0.33%。

以上统计表明，人为治理因素林草措施是推动石漠化程度顺向演替的最主要原因，占石漠化程度顺向演替原因的71.71%。林草措施中因人工造林措施促使石漠化程度顺向演替面积达到5.53万 hm^2，占林草措施原因的64.45%，由此可见人工造林在推动石漠化程度顺向演替的作用最大。其次，自然修复也是促进石漠化程度顺向演替的主要原因之一，共有3.22万 hm^2，占顺向演替原因的26.91%，究其根源与湖南省各级政府对生态保护的重视和良好的雨热条件密切相关。

三、石漠化程度逆向演替原因

在可比范围内，石漠化程度从轻程度逆向演替到重程度的面积6.47万 hm^2，排除技术因素后有2.09万 hm^2 发生变化。

① 人为因素1.59万 hm^2，占逆向演替原因的76.07%。其中：毁林（草）开垦0.10

万 hm²，占人为因素原因的 6.22%；过牧 0.02 万 hm²，占人为因素原因的 1.35%；过度樵采 0.33 万 hm²，占人为因素原因的 20.77%；火烧 0.51 万 hm²，占人为因素原因的 31.98%；工矿工程建设 0.02 万 hm²，占人为因素原因的 1.18%；不适当经营方式 0.55 万 hm²，占人为因素原因的 35.02%；其他人为因素 0.06 万 hm²，占人为因素原因的 3.49%。

② 灾害因素 0.50 万 hm²，占逆向演替原因的 23.93%。其中：地质灾害 0.03 万 hm²，占灾害因素原因的 6.87%；灾害性气候 0.25 万 hm²，占灾害因素原因的 64.81%；有害生物灾害 0.02 万 hm²，占灾害因素原因的 3.86%；其他灾害 0.10 万 hm²，占灾害因素原因的 24.46%。

以上统计表明，推动石漠化程度逆向演替原因中，人为破坏因素影响最大，人为因素中又以不适当经营方式和火烧占绝大比例，过牧、过度樵采、工业污染、工矿工程建设等因素促使石漠化程度逆向演替的面积不大。灾害性因素居于其次，灾害性因素以干旱、洪涝灾害等灾害性气候为主要因素，也是石漠化程度逆向演替的重要因素，但并非决定性因素。因此，加大石漠化综合治理工程建设力度，改变落后的土地经营方法，采取科学、合理的经营方式，减少人为因素对植被和土壤的破坏，才能有效减缓石漠化程度的逆向演替。

第六节　岩溶土地石漠化演变状况

湖南省岩溶土地石漠化演变类型主要针对石漠化与潜在石漠化的发生发展趋势情况，将石漠化演变类型分为明显改善、轻微改善、稳定、退化加剧和退化严重加剧 5 个类型。可概括为顺向演变类（明显改善型、轻微改善型）、稳定类（稳定型）和逆向演变类（退化加剧型、退化严重加剧型）3 大类。根据本次监测结果，可比范围内，属于明显改善型的面积为 14.31 万 hm²，占岩溶土地总面积的 2.61%；属于轻微改善型的面积为 11.15 万 hm²，占岩溶土地总面积的 2.04%；属于稳定型的面积为 515.64 万 hm²，占岩溶土地总面积的 94.17%；属于退化加剧型的面积为 2.00 万 hm²，占岩溶土地总面积的 0.37%；属于退化严重加剧型的面积为 4.46 万 hm²，占岩溶土地总面积的 0.81%（表 4-9）。

表 4-9 石漠化演变类型统计表

调查单位	合计/万hm²	石漠化演变类型											
		小计	明显改善型/万hm²	占比/%	轻微改善型/万hm²	占比/%	稳定型/万hm²	占比/%	退化加剧型/万hm²	占比/%	退化严重加剧型/万hm²	占比/%
湖南省	549.64	547.56	14.31	2.61	11.15	2.04	515.64	94.17	2.00	0.37	4.46	0.81
株洲市	14.08	13.97	0.30	2.13	0.19	1.34	13.39	95.85	0.02	0.14	0.08	0.54
湘潭市	6.76	6.74	0.07	1.00	0.06	0.95	6.54	97.12	0.01	0.18	0.05	0.74
衡阳市	18.09	17.99	0.75	4.18	0.45	2.53	16.27	90.45	0.25	1.37	0.26	1.47
邵阳市	93.61	93.34	3.11	3.33	2.31	2.47	85.31	91.40	0.87	0.94	1.74	1.86
岳阳市	4.38	4.36	0.13	3.05	0.34	7.86	3.81	87.40	0.02	0.45	0.05	1.23
常德市	25.36	25.31	0.98	3.85	1.38	5.44	22.22	87.77	0.04	0.17	0.70	2.76
张家界市	52.45	52.40	0.68	1.30	0.77	1.47	50.62	96.61	0.06	0.11	0.27	0.51
益阳市	14.85	14.81	0.98	6.64	0.41	2.74	13.39	90.41	0.01	0.05	0.02	0.16
郴州市	53.17	53.07	1.75	3.31	0.93	1.75	50.22	94.64	0.03	0.06	0.13	0.25
永州市	93.99	93.04	2.51	2.70	0.57	0.62	89.04	95.70	0.43	0.47	0.48	0.52
怀化市	44.03	43.88	0.80	1.83	0.74	1.68	42.18	96.12	0.05	0.12	0.11	0.26
娄底市	44.78	44.69	1.09	2.44	1.79	4.01	41.34	92.50	0.12	0.26	0.35	0.79
湘西州	84.08	83.95	1.14	1.36	1.21	1.44	81.31	96.85	0.09	0.10	0.21	0.25

在所有演变类型中，顺向演变类面积25.46万hm²，占岩溶土地面积的4.65%；稳定类面积515.64万hm²，占94.17%；逆向演变类面积6.46万hm²，占1.17%。监测数据表明，湖南省石漠化土地的演变已呈现纺锤体型的稳定结构，即两头小中间大，监测期内全省岩溶土地绝大部分处于稳定状态，石漠化土地总体有顺向演变趋势。这说明湖南省石漠化土地经过多年治理已经取得了一定的成效，从各县（市、区）的演变面积分布可以看出，石漠化土地面积较大的县（市、区）逐步稳定，面积较小的县（市、区）快速转好。现有条件下，除非有自然因素或人为因素的大力扰动，在保持治理的情况下，岩溶土地大面积逆向演替难以发生，所以，继续加大投入力度、坚持长期治理，湖南省石漠化土地将继续向顺向演变发展。

第五章　湖南省 1990~2016 年石漠化变化动态（以慈利县为例）

岩溶地区石漠化指在热带、亚热带湿润 — 半湿润气候条件和岩溶地貌发育的自然背景下，受人为活动干扰，使地表植被遭受破坏，造成土壤严重侵蚀，基岩大面积裸露，砾石堆积的土地退化现象，是岩溶地区土地退化的极端形式。通过石漠化监测连续定期掌握我国岩溶地区石漠化土地现状、动态变化信息，科学评价石漠化发展趋势与防治形势，是为国家和地方制定与调整石漠化防治政策和编制防治规划提供重要数据支撑；亦是考核地方各级政府目标责任制的重要手段，属石漠化防治的重要基础性工作，对加快石漠化土地治理，改善区域生态环境，实现可持续发展战略具有重要意义。为此国家林业和草原局自 2005 年开始至 2017 已连续开展了三期石漠化监测，从三期监测结果来看，我国岩溶地区石漠化面积削减速度较快，但其石漠化演变趋势的形成机制与主要驱动因子不明成为目前亟待解决的问题。为探索上述问题，国家林业和草原局安排了"典型地区（钟山区、都安县、麒麟区、慈利县）石漠化演变趋势与影响因子研究"专题，本研究即为此专题的一部分研究内容。本研究依托国家林业和草原局第一次至第三次石漠化监测慈利县的监测数据，并收集整理了原湖南省遥感研究中心对慈利县做的 1990 年、2002 年两次遥感调查数据，查明了慈利县岩溶区分布特征和地貌分布特征；分析了慈利县石漠化现状和 1990~2016 年石漠化演变特征；探索了区域石漠化的变化规律及主要影响因子。

第一节　研究区基本情况

一、地理位置

慈利县位于湖南省西北部，地处武陵山脉东部边缘，澧水中游，东北与石门县毗连，东南与桃源县接壤，西北与桑植县相邻，西南与永定区连接。是一个"七山半水分半田，一分道路和庄园"的山区县，同时也是世界著名旅游风景区 —— 张家界的东大门。地理坐标为东经 110°28′~111°20′，北纬 29°04′~29°42′。距张家界市区约 78 km，距省会长沙约 230 km。

二、自然状况

慈利县森林资源比较丰富，是湖南省的重点林区县之一。据 1984 年森林普查，慈利县森林覆盖率为 30.74%。1990 年全县农作物植被 643800 亩 *，覆盖率为 8.6%。至 2006 年

---

* 注：1 亩 ≈ 666.67 m^2（下同）。

慈利县经济林面积3.87万 hm²，竹林面积0.17万 hm²，全县森林覆盖率59.2%，活立木蓄积量为469万 m³，全县林业总产值达2.7亿元。至2014年，全县林地面积达246523.1 hm²，活立木总蓄积量达到646.94万 m³，森林覆盖率达64.96%。10年间森林面积增加了34060.4 hm²，林木蓄积量增加了178万 m³，森林覆盖率提高了5.79个百分点。

截至2016年年底，全县林地面积为246674 hm²，占全县总面积的70.87%，其中，有林地199892.1 hm²，疏林地2945.9 hm²，灌木林地30194.2 hm²，未成林地5759 hm²，苗圃地52.3 hm²，无立木林地5389.9 hm²，宜林地2440.6 hm²。2016年慈利县森林覆盖率达到66.53%，全县活立木总蓄积量为7228190 m³，其中，林分蓄积量为6983736 m³，疏林蓄积量为26891 m³，散生木蓄积量为40124 m³，四旁树蓄积量为177439 m³。慈利县森林覆盖面积从1998年至今显著增长，林木蓄积量和林业总产值逐年增加。

慈利县地处澧水中游，属湘西山区向滨湖平原过渡地带，地势自西北向东南倾斜，武陵山余脉在境内分为三支东西走向的山脉，澧、溇两水纵贯全境，蜿蜒于县西北部和中部。北支的高架界，海拔1409.8 m，为县境最高峰。中支的宝峰山、马儿岭，南支的剪刀寺等海拔均在1000 m以上。澧水自西南向东北流贯县境，沿岸有河谷平原，最低处苗市镇界溪河边海拔75 m，山河相间，构成三山两谷。慈利县境内岩性组成主要是碳酸盐岩类，占总面积的54%；地势西北高、东南低，地貌类型多样，以山地、山原为主，占总面积的64%。

慈利县属中亚热带季风湿润气候区，年均气温16.8℃，年活动积温5200℃，年日照1563.3 h，年均太阳光辐射总量102 kcal/m²，年降雨日143.2 d，年降雨量1390 mm，无霜期年均267.6 d。慈利县境内的五雷山气温昼高夜低，冬寒夏凉，最高温度为32℃，平均温度11.6℃。

慈利县境内地表水系发育，除澧水干流外，流域面积5 km²以上的河流有96条。现已建成上型水库109座，调水工程1处，提水工程84处，农村集中供水水厂32个，山塘9262口，河坝512处，农村水电站46处。其中一级支流27条，二级支流36条，三级支流27条，四级支流6条，分属澧水和沅水两大水系，以澧水水系为主，流入面积占土地总面积的83.3%，澧水干流及其最大的一级支流溇水纵贯全境。慈利县境内修筑多个大开型水库，有江垭水库、赵家垭水库等。截至2014年，澧水干流全长388 km。流经县境1909.7 km，占慈利县的28.3%。慈利县多年平均降水量为54亿 m³，容水3.4亿 m³。灌溉还原水1.1亿 m³，地表水资源总量为34.58亿 m³。慈利县人均占有水量5377 m³，为全国的1.96倍，为湖南省的1.34倍。慈利县有总蓄、引、提水总量达2.3亿 m³，占地表水资源总量的6.65%。

慈溪县内崇山峻岭是名贵中药材的宝库，植物品种2377种，生长着银杏、珙桐等427种珍贵树木，集聚了云豹、大鲵等472种野生动物。慈利县境内孤峰、峰丛、峰林、溶洞多。县内珍藏着27种矿产，尤其是大理石，工业储量达3亿 m³，虎皮黄、云黄玉等品种全国稀罕，故慈利又有"大理石之乡"的誉称。

三、社会经济状况

（一）行政区划及人口

慈利县辖25个乡镇，1个国有林场，427个行政村（居委会），6977个村民小组，截至2016年，慈利县总人口为70.35万人，其中农业人口59.8万人，占总人口的85%。境内居住有汉、土家、白、苗、回、侗、壮、满等17个民族。少数民族人口39.08万，约占总人口的55.55%，主要是土家族和苗族。全县人口密度202人／km²。人口自然增长率年平均为5.61‰。

（二）经济发展状况

经济总量稳步扩张。初步核算，2016年全县生产总值1670809万元，比上年增长8.1%。其中：第一产业增加值271796万元，增长3.6%；第二产业增加值516692万元，增长6.2%；其中工业实现增加值448720万元，同比增长6.7%；第三产业增加值882320万元，增长10.8%。全县人均生产总值27301元（按常住人口计算），按2016年平均汇率折算约为4110美元。经济结构调整稳步推进，第一、二、三产业增加值占全县生产总值的比重由上年的17.0:32.4:50.6优化为16.3:30.9:52.8。2016年全面小康实现程度为87.9%，比上年提高2.8个百分点。

（三）农林牧产值及其粮食产量变化

1990年农林牧产业总产值分别为3.75亿、0.32亿、1.08亿元，粮食总产量21.31万t。2002年农林牧产业总产值分别为11.15亿、0.81亿、4.03亿元，粮食总产23.56万t。2005年农林牧产业总产值分别为7.84亿、1.21亿、4.94亿元，粮食总产量27.74万t。2011年农林牧产业总产值分别为14.76亿、2.7亿、9.80亿元，粮食总产量29.40万t。2016年农林牧产业总产值分别为9.77亿、1.8亿、4.14亿元，粮食总产量30.06万t。2016年农林牧产业总产值比1990年分别高出160.5%、462.5%、283.3%，粮食总产量高出8.75万t。

第二节　研究方法

一、研究目的与任务

岩溶石漠化指在亚热带岩溶石山地区脆弱的生态环境背景条件下，由于自然演化并叠加不合理的人类活动作用，导致植被遭受破坏，土层严重流失而引起基岩逐步裸露的生态退化、地表呈现荒漠化景观的过程，主要发生在中国西南及南方裸露型及半裸露型岩溶分布区域，贵州、云南、广西、湖南、湖北、重庆、四川及广东八省（自治区、直辖市）

都有不同程度的石漠化现象。

石漠化是我国西南地区首要的生态问题，也是我国当前最为严重的三大生态问题之一。我国岩溶地貌分布区域广阔，石漠化土地面积1200万 hm^2，潜在石漠化土地面积1330万 hm^2。严重的土地石漠化，不仅加剧了水土流失，恶化生态与环境，引发自然灾害，而且也压缩了人民群众的生存与发展空间，对区域国土生态安全和生态文明建设构成了严重的威胁。石漠化是脆弱的自然背景和不合理的人为活动共同作用的结果。近年来，西南地区社会经济发展迅猛，该地区石漠化的进程也不断发生变化，对区域的可持续发展产生了较大制约。2006年与2011年的两次监测表明部分地区石漠化面积削减快，但其石漠化演变趋势的形成机制与主要驱动因子不明，特别是生态工程实施背景下石漠化治理成效如何，治理工作如何发挥贡献等都是亟待解答的问题。

根据协议书及《岩溶地区石漠化监测技术规定》要求，确定本次工作内容如下：阐明生态工程背景下典型区域石漠化格局演变关键驱动因子，为下阶段石漠化土地治理评价、石漠化综合治理模式提升提供理论参考。

二、研究主要技术方法

采用"3S"技术与地面调查相结合的技术方法。以整理后的前期石漠化监测数据为本底，利用经过几何精校正和增强处理后的最新遥感影像数据，采用地理信息系统，按照小班区划条件进行区划与解译；采用带有全球卫星定位系统和区划解译数据的采集器现地开展小班界线修正、因子调查和照片采集；将外业采集数据资料导入地理信息系统进行检验与管理，统计汇总后获取本期石漠化的面积、分布及其他方面的信息；最后集成典型区域长时间序列石漠化监测（1990年、2002年、2005年、2011年、2016年）成果及期间社会经济因子（总人口、农业人口、农村劳动力数、城镇化水平、常年外出务工人数、农村居民人均工资性收入、通车里程、高速公路里程）、经济因子（县 GDP、县三大产业总产值、人均 GDP、农村人均可支配收入）、资源环境因子（人均耕地面积、人均林地面积、森林覆盖率）、治理因子（石漠化综合治理工程治理面积及投资、其他林业工程治理面积及投资），利用典型工程区与非工程区对比，以及主成分分析、地理加权回归、地理探测器等方法甄别人为和自然因素的空间非平稳性及对石漠化影响的贡献率。

三、研究主要材料

① 比例尺 ≥ 1/10000 的最新地形图。

② 区域水文地质图。

③ 与监测相关的文字资料和统计数据。主要包括慈利县石漠化综合治理进展与完成情况、最近的森林资源二类调查与林地保护利用规划、最新统计年鉴等资料。

④ 监测区域有关的调查专题图件。主要包括：前期石漠化调查所形成的图件；石漠

化治理竣工验收图；土地利用详查图；森林资源分布图；林地保护利用规划图；岩溶土壤分布图；其他相关图件。

四、研究技术路线

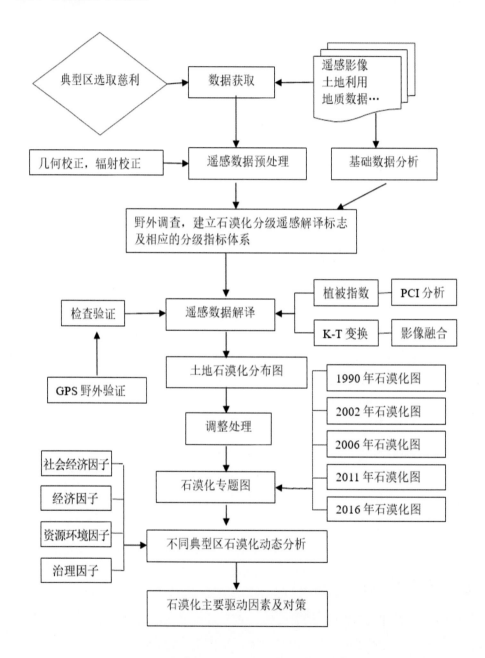

图 5-1　慈利县石漠化动态变化研究技术路线图

五、研究关键技术

（一）基础地理信息处理

根据最新1/10000地形图，将河流、湖泊、山峰、道路、居民点等基础地理信息数据与前期数据进行核对与完善，作为进行人机交互解译的基础地理信息。

核对相邻省（自治区、直辖市）、县（市、区）、乡（镇、场）边界界线，保证调查范围不重不漏、不错位。

（二）遥感影像数据处理

① 遥感影像数据几何精校正。应用地形图按高斯—克吕格投影对遥感影像数据进行几何精校正。每景影像选取40~50个分布均匀的控制点进行校正。校正后的中误差应小于1个像元。

亦可利用校正好的遥感影像对新的遥感影像进行配准，配准后的误差应小于1个像元。

当一景影像分布在不同投影带时，应分别按影像所在的投影带作几何精校正。

② 根据所选遥感信息源的波段光谱特性和地区特点，选择最佳波段组合，利用数字图像处理方法进行信息增强。要保证信息层次丰富清楚、基岩裸露与植被盖度差异分明、土地利用差别显著，纹理清晰。

③ 当一个解译区域涉及一景以上的遥感影像时，要采用数字镶嵌方法进行无缝拼接处理。

（三）遥感影像区划、解译

1.人机交互区划小班

应用统一的地理信息系统，以整理后的前期监测数据为本底，依据最新遥感影像，参考相关的辅助图件资料及基础地理信息数据，对出现变化的区域，按区划条件，开展人机交互区划。

2.目视解译图斑

对照前期典型小班特征点数据库，对出现变化的小班调查因子进行初步解译，形成解译小班对应的属性数据。解译可以参考相关的辅助图件资料。有条件的省（自治区、直辖市）可使用多种信息源进行综合分析，近期进行过土地资源详查和森林资源二类调查的单位应充分利用现有资料进行辅助判读，以提高解译精度。

（四）实地核实调查

① 将最新小班数据、遥感影像、行政界线、基础地理信息等数据导入数据采集器。

② 采用数据采集器开展外业调查，对小班界线区划有误或明显位移的进行修正，核实、修正小班属性因子。

③ 采用数据采集器，按照石漠化状况、石漠化程度和土地利用类型分别建立典型小班特征点。每个典型小班特征点至少拍摄1张典型照片。

以县（市、区）为单位，石漠化、潜在石漠化、非石漠化典型小班特征点数量不得低于对应小班总数的5%、3%、1%，且原则上每个乡有不少于10个典型小班特征点；前期已建立典型小班特征点的小班，需进行复位；若前期典型小班特征点数量达不到规定时，需增设典型小班特征点；典型小班特征点以乡为单位统一编号，从上到下，从左到右，做到不重不漏。

将前期小班特征点数据导入数据采集器作为对照，保证本期照片与前期照片范围、区域尽量保持一致；通过数据采集器自动记载拍摄点的地理坐标信息和照片匹配小班的唯一编号信息，原则上每个乡照片拍摄点应位于不少于10个小班中；典型照片应能反映小班基岩裸露度、植被类型与盖度等基本特征；鼓励采用无人机等新技术手段获取典型照片或视频。

④ 将数据采集器现地调查结果及时导入石漠化监测信息管理系统，对原有初步解译数据进行更新。

（五）图件制作

采用石漠化监测信息管理系统，依据基础地理信息数据和监测空间数据制作岩溶土地分布图、石漠化程度分布图等专题图件。

第三节　研究概述

一、1990~2016年区域相关研究与研究成果

王晓燕等运用遥感与地理信息系统技术，通过1990年和2003年两期遥感影像数据的对比分析，研究了以湖南省慈利县岩溶区土地石漠化时空变化特征。结果表明：慈利县岩溶区石漠化治理与破坏同时存在，但破坏强度大于治理效果，石漠化呈加剧趋势；轻度石漠化与中度石漠化区域的治理转化率较高，极重度石漠化区域的治理转化率最低；由石漠化改善为未石漠化的土地只占由未石漠化转化为石漠化土地的52.2%；石漠化发生区主要分布于边远乡镇区。

段晓芳等以湖南省慈利县石漠化严重的区域为例，利用遥感图像处理软件 ENVI（Environment for Visualizing Images）提取研究区域植被指数。在 GIS 技术支持下，利用地统计学的方法对坏行区域的植被指数进行了 Kriging 估计。结果表明，植被指数主要受

内在因子的作用，具有强烈的空间自相关性，自相关距离达到501m；Kriging估计结果表明，植被指数在空间分布表现为条带状和斑块状分布，植被指数较高的区域主要分布在研究区的中南部。Kriging插值验证表明利用地统计学的方法很好地估计了遥感影像坏行区域植被指数的"缺失"信息，提高了ETM+SLC-off数据的利用率，为岩溶石漠化评估提供参考。

傅源、黄玉林等人根据慈利岩溶山区的自然特点和旱土作物生长发育规律，较为系统地总结了在岩溶山区实现旱粮持续高产高效的雨养旱作生态农业发展之路：a.以农田基本建设为基础保持水土，培肥土壤；b.按照降水规律，合理安排作物品种与播期；c.实行多熟立体种植；d.不断改进旱粮高产栽培技术体系；e.推广粮、经多熟制；f.恢复和建设农林生态系统。

通过一系列的研究总结发现，慈利县石漠化整体趋势呈现先恶化后好转，1990~2005年间更是处于边治理边恶化，且恶化趋势大于治理效果；2005年至今，随着国家和当地政府加大治理投资和力度，慈利县石漠化状况不断好转，治理效果显著，石漠化面积不断减小，森林覆盖度不断增加，治理工程和治理面积不断扩大，并且通过不断的探究和实践，慈利县逐渐摸索出一条适合自己的石漠化治理道路，并为之发展壮大，为今后的石漠化治理打下坚实的基础。

二、1990~2016年区域生态建设与建设效果情况

1993~1997年慈利县开展山水林田路院综合治理工程建设。以植树造林和封山育林为重点，完成人工造林5.2万hm²，封山育林1.8万hm²，改造低产林地2.5万hm²，平均森林覆盖率由1993年的34.2%上升至1997年的58.4%。治理水土流失面积279km²，治理率达34.2%。在完善原有水利设施的基础上新建和整治水利工程3500处，修标准防渗渠道27km；围绕基本农田建设，改造坡耕地1.8万hm²、水田28万hm²，治理潜育化稻田1600hm²，培肥贫瘠型旱地2100hm²，建立高产田1600hm²。此外，在农户屋前房后、村路、田埂、水渠两旁种植乔、灌、经济林，美化环境，调节农田小气候，形成了山水林田路院立体生态防护网络。

自2001年开始慈利县全面开展石漠化治理工程并进行退耕还林工程建设试点，在工程实施之初确定了"生态优先，兼顾全面"的原则，实行生态效益与经济效益相结合，长期效益与短期效益相结合，同时通过营造经济林，把国家要生态、地方要发展、农民要致富这三者的目标协调起来，工程规划设计时在生态脆弱的地区以营造生态林为主，在立地条件相对较好的缓坡耕地适当发展经济林。截至2012年底，慈利县共实施退耕还林31.14万亩，累计发放退耕还林政策补助2.46亿元，全县森林覆盖率由57.2%增加到62.5%。慈利县退耕地区遏制住了水土流失，改善了生态环境，全县水土流失平均下降12%。

自2001年以来，慈利县实施了长江流域防护林体系二期工程建设，2001～2010年，慈利县长防林二期建设面积为3.66万亩（人工造林2.11万亩，封山育林1.13万亩，幼中林抚育0.25万亩，封山护林0.17万亩），慈利县长防林建设投资金463.9万元（国家投资326.6万元，地方配套137.3万元）。长防林工程的实施，增加了森林资源，控制了水土流失，改善了生态环境。到2009年底，慈利县有林地面积267.5万亩，与2000年相比增加了37.5万亩；森林覆盖率达62.7%，与2000年相比上升4.9个百分点；森林蓄积量为521.6万 m^3，与2000年相比增加52.6万 m^3；水土流失面积由2000年的1037 km^2减少到1012 km^2，减少25 km^2。

自2006年慈利县开展了小流域治理工程。以"生态优先，适度开发"为原则，按照"规模化治理，产业化经营，社会化服务"的水土治理模式，慈利县累计投入1281万元，共完成小流域治理19条、水利工程146处，治理水土流失面积151 km^2，先后建成了"两条绿色长廊，三大生态板块"。一系列生态富民项目的蓬勃兴起，带来实实在在的效果。到2011年，慈利县新增农村安全饮水人口19万人，改善15万人的生活能源结构。连续多年被评为全国和全省的水土保持先进县。生态水利还对慈利循环经济起到了支撑作用，带动了工业企业的迅猛发展，仅小水电产业年产值就达6.4亿元，创利税7000万元，占全县财税收入的三分之一强。

2008～2013年，慈利县开展为期5年的石漠化综合治理试点项目。完成植被恢复工程（林业项目）6534.78 hm^2，其中人工造林1073.6 hm^2，封山育林5461.72 hm^2。在项目建设中，完成了植被恢复工程的各项附属工程建设。全县各项目乡镇共完成大型标志牌15块，小型封山禁牌361块，在封山区设置铁丝围栏85 km。2008～2013年，慈利县共完成石漠化综合治理林业项目中央投资为2403.88万元，占整个项目中央投资4280万元的55.05%。

2009年慈利县开展了岩溶地区石漠化综合治理试点工程，慈利县2009年度石漠化综合治理试点植被恢复1580.7 hm^2，其中人工造林236.1 hm^2，封山育林1344.6 hm^2。该工程包括棚圈建设2786.4 m^2、饲草机械24台、青贮窖420 m^3、人工种草2.5 hm^2。该工程还包括维修改造灌渠10070 m、山塘整修30口、新建蓄水池54口、新建沉砂池1口、新建拦砂坝5座、坡改梯6.6 hm^2。

慈利县2014年石漠化综合治理工程总投资766.35万元，建设内容分为林草植被恢复工程、小型水利水保工程、草食畜牧业发展工程3大块，治理岩溶面积35 km^2。2015年石漠化综合治理工程总投资670万元，建设内容分为林草植被恢复工程、小型水利水保工程、草食畜牧业发展工程3大块，治理石漠化面积6.27 km^2。

通过岩溶地区石漠化综合治理试点项目的建设，以及其他林业生态重点项目工程的建设，取得的主要成效有以下几点。

① 增加了森林植被，生态环境得到明显改善。通过九年的石漠化综合治理，在岩溶区域的石漠化土地上实施生物措施，增加了项目实施区的森林植被面积，在一定程度上提高了森林质量，提高了森林覆盖率。由于森林植被的增加，减少了雨水对地表土层的冲刷和破坏，减少了水土流失，从而有效地遏制了石漠化的发展。九年来，治理岩溶面积 7586.48 hm^2，每年可涵养水源 806.8 万 m^3，减少水土流失 15.1 万 t。由于森林植被的增加，使昔日光秃秃的石头山被树苗遮住，变成了满目青山，生态环境变好了。

② 改善了项目区农民的生产条件。修建排灌沟渠 45.066 km，建拦砂坝 5 座，建沉砂池 8 口，建蓄水池 199 口，整修山塘 107 口；建牲畜棚圈 21213.8 m^2，建青贮窖 2766 m^2，人工种草 47.4 hm^2，地下河整治 1400 m，引水管 19 km。通过实施石漠化综合治理项目，进一步改善了岩溶区域农民群众的生产和生活条件。

③ 为项目区农民提供了新的就业机会。石漠化综合治理需要投入大量的劳动力，为项目实施区的农民提供了新的就业机会，据统计，九年来，共投入劳动力 30 万个，参加项目建设的农民得到劳务费 3000 多万元。

④ 带动了相关产业的发展。由于石漠化综合治理，需要相应的建筑材料、灌溉设施、苗木等，带动了建材行业、育苗业、运输业等行业的发展。

三、本次研究过程

本次工作历时两个月，由项目承担单位国家林业局中南林业调查规划设计院与项目协作单位湖南省慈利县林业局通过遥感数据收集、数据处理、综合遥感解译、外业调查等，完成石漠化监测工作，监测内容主要包括石漠化的分布、程度、面积及土壤侵蚀状况，石漠化的动态变化及演变情况，与石漠化相关的自然地理、生态环境及社会经济因素。并且处理了 2016 年高分一号或资源三号遥感影像；完成了典型区域石漠化动态变化分析，完成了石漠化监测报告编写，明确了生态工程背景下区域石漠化格局演变关键驱动因子，提出了新时期下石漠化治理建议。

第四节 研究区石漠化现状与变化动态

总体来看，从 1990~2005 年石漠化整体情况处于恶化趋势，2005~2016 年处于好转趋势，随着国家一系列治理政策和措施的出台，石漠化整体面积不断减小，石漠化土地状况逐渐好转，潜在石漠化土地面积和非石漠化土地面积逐渐增加（表5-1）。

表 5-1　慈利县 1990~2016 年岩溶地区土地面积变化表（单位：hm^2）

类型	年份				
	1990 年	2002 年	2005 年	2011 年	2016 年
石漠化土地	41868.3	55134.2	58640.7	58118.6	51143.3
潜在石漠化土地	117621.4	108187.3	105693.5	107309.2	113808.6
非石漠化土地	47771.9	43940.2	42927.4	41833.8	42309.7

一、研究区 1990 年监测结果

根据慈利县 1990 年岩溶地区石漠化监测统计数据，慈利县岩溶区分布在 25 个乡镇、1 个国有林场，共有岩溶面积 207261.6hm^2，占土地总面积的 59.6%。岩溶区石漠化土地面积为 41868.3hm^2，占岩溶区土地面积的 20.2%，潜在石漠化土地面积为 117621.4hm^2，占岩溶区土地面积的 56.8%，非石漠化土地面积为 47771.9hm^2，占岩溶区土地面积的 23.0%。

潜在石漠化和非石漠化土地主要分布在慈利县成片的负地形、平地、缓坡梯田和梯土、覆盖度高的林地以及特殊的等级如水体、城镇，以地形较为平缓或土层较厚的地区。

在石漠化土地面积中，轻度石漠化面积为 11755.9hm^2，占石漠化土地面积的 28.1%，主要分布在慈利县的中南部；中度石漠化面积为 17384.6hm^2，占石漠化土地面积的 41.5%，主要分布在慈利县的中部、东部；重度石漠化面积为 9494.7hm^2，占石漠化土地面积的 22.7%，主要分布在慈利县的西北部；极重度石漠化面积为 3233.1hm^2，占石漠化土地面积的 7.7%，主要分布在慈利县的西北部龙潭溪以北及中部柳枝铺附近（表 5-2、图 5-2）。

表 5-2　慈利县 1990 年石漠化监测结果统计表

类别		面积 /hm^2	占岩溶区面积比例 /%
石漠化土地	轻度石漠化	11755.9	5.7
	中度石漠化	17384.6	8.4
	重度石漠化	9494.7	4.6
	极重度石漠化	3233.1	1.6
	小计	41868.3	20.2
潜在石漠化土地		117621.4	56.8
非石漠化土地		47771.9	23.0
总计（岩溶区面积）		207261.6	100.00

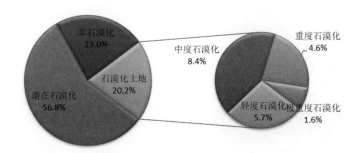

图 5-2　慈利县 1990 年石漠化土地状况与程度面积比例图

二、研究区 2002 年监测结果

慈利县 2002 年石漠化监测，岩溶分布范围与面积与 1990 年一致。岩溶区石漠化土地面积为 55134.2hm²，占岩溶区土地面积的 26.6%，潜在石漠化土地面积为 108187.3hm²，占岩溶区土地面积的 52.2%，非石漠化土地面积为 43940.2hm²，占岩溶区土地面积的 21.2%。

潜在石漠化和非石漠化土地主要分布在慈利县成片的负地形、平地、缓坡梯田和梯土、覆盖度高的林地以及特殊的等级如水体、城镇，以地形较为平缓或土层较厚的地区。

在石漠化土地面积中，轻度石漠化面积为 14904.0hm²，占石漠化土地面积的 27.0%，主要分布在慈利县的西南部，在东部和南部也有分布；中度石漠化面积为 26603.6hm²，占石漠化土地面积的 48.3%，主要分布在慈利县的东部、北部及中南部；重度石漠化面积为 11168.4hm²，占石漠化土地面积的 20.2%，主要分布在慈利县的东部岩泊渡附近，西南部澧水河两岸；极重度石漠化面积为 2458.2hm²，占石漠化土地面积的 4.5%，主要分布在慈利县的东部柳枝铺附近，西南部金岩附近（表5-3、图5-3）。

表 5-3　慈利县 2002 年石漠化监测结果统计表

类别		面积 /hm²	占岩溶区面积比例 /%
石漠化土地	轻度石漠化	14904.0	7.2
	中度石漠化	26603.6	12.8
	重度石漠化	11168.4	5.4
	极重度石漠化	2458.2	1.2
	小计	55134.2	26.6
潜在石漠化土地		108187.3	52.2
非石漠化土地		43940.2	21.2
总计（岩溶区面积）		207261.6	100.00

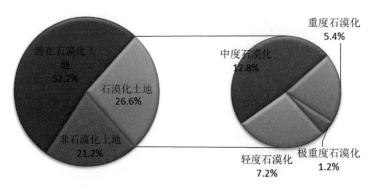

图 5-3　慈利县 2002 年石漠化土地状况与程度面积比例图

三、研究区 2005 年监测结果

慈利县 2005 岩溶地区石漠化监测，岩溶分布范围与面积与 1990 年、2002 年一致。岩溶区石漠化土地面积为 58640.7 hm²，占岩溶区土地面积的 28.3%，潜在石漠化土地面积为 105693.5 hm²，占岩溶区土地面积的 51.0%，非石漠化土地面积为 42927.4 hm²，占岩溶区土地面积的 20.7%。

潜在石漠化和非石漠化主要分布在慈利县成片的负地形、平地、缓坡梯田和梯土、覆盖度高的林地以及特殊的等级如水体、城镇，以地形较为平缓或土层较厚的地区。

在石漠化土地面积中，轻度石漠化面积为 20316.4 hm²，占石漠化土地面积的34.6%，主要分布在慈利县的西南部，在东部和南部也有分布；中度石漠化面积为25952.7 hm²，占石漠化土地面积的 44.3%，主要分布在慈利县的东部、北部及中南部；重度石漠化面积为 9795.9 hm²，占石漠化土地面积的 16.7%，主要分布在慈利县的东部岩泊渡附近，西南部澧水河两岸；极重度石漠化面积为 2575.7 hm²，占石漠化土地面积的4.4%，主要分布在慈利县的东部柳枝铺附近，西南部金岩附近（表 5-4、图 5-4）。

表 5-4　慈利县 2005 年石漠化监测结果统计表

类别		面积 /hm²	占岩溶区面积比例 /%
石漠化土地	轻度石漠化	20316.4	9.8
	中度石漠化	25952.7	12.5
	重度石漠化	9795.9	4.7
	极重度石漠化	2575.7	1.2
	小计	58640.7	28.3
潜在石漠化土地		105693.5	51.0
非石漠化土地		42927.4	20.7
总计（岩溶区面积）		207261.6	100.00

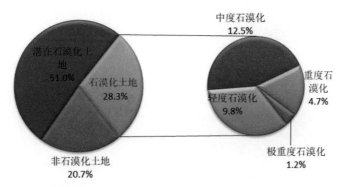

图 5-4　慈利县 2005 年石漠化土地状况与程度面积比例图

四、研究区 2011 年监测结果

慈利县2011岩溶地区石漠化监测，岩溶分布范围与面积与前几期一致。岩溶区石漠化土地面积为58118.6 hm²，占岩溶区土地面积的28.0%，潜在石漠化土地面积为107309.2 hm²，占岩溶区土地面积的51.8%，非石漠化土地面积为41833.8 hm²，占岩溶区土地面积的20.2%。

潜在石漠化和非石漠化主要分布在慈利县成片的负地形、平地、缓坡梯田和梯土、覆盖度高的林地以及特殊的等级如水体、城镇，以地形较为平缓或土层较厚的地区。

在石漠化土地面积中，轻度石漠化面积为23865.4 hm²，占石漠化土地面积的41.1%，主要分布在慈利县的西南部，在东部和南部也有分布；中度石漠化面积为24474.1 hm²，占石漠化土地面积的42.1%，主要分布在慈利县的东部、北部及中南部；重度石漠化面积为8093.3 hm²，占石漠化土地面积的13.9%，主要分布在慈利县的东部岩泊渡附近，西南部澧水河两岸；极重度石漠化面积为1685.8 hm²，占石漠化土地面积的2.9%，主要分布在慈利县的东部柳枝铺附近，西南部金岩附近（表5-5、图5-5）。

表 5-5　慈利县 2011 年石漠化监测结果统计表

类别		面积 /hm²	占岩溶区面积比例 /%
石漠化土地	轻度石漠化	23865.4	11.5
	中度石漠化	24474.1	11.8
	重度石漠化	8093.3	3.9
	极重度石漠化	1685.8	0.8
	小计	58118.6	28.0
潜在石漠化土地		107309.2	51.8
非石漠化土地		41833.8	20.2
总计（岩溶区面积）		207261.6	100.00

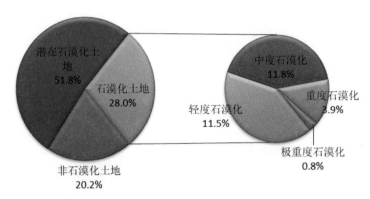

图 5-5　慈利县 2011 年石漠化土地状况与程度面积比例图

五、研究区 2016 年监测结果

慈利县 2016 岩溶地区石漠化监测，岩溶分布范围与面积与前几期一致。岩溶区石漠化土地面积为 51143.3 hm²，占岩溶区土地面积的 24.7%；潜在石漠化土地面积为 113808.6 hm²，占岩溶区土地面积的 54.9%；非石漠化土地面积为 42309.7 hm²，占岩溶区土地面积的 20.4%。

潜在石漠化和非石漠化主要分布在慈利县成片的负地形、平地、缓坡梯田和梯土、覆盖度高的林地以及特殊的等级如水体、城镇，以地形较为平缓或土层较厚的地区。

在石漠化土地面积中，轻度石漠化面积为 22080.6 hm²，占石漠化土地面积的 43.2%，主要分布在慈利县的西南部，在东部和南部也有分布；中度石漠化面积为 21766.5 hm²，占石漠化土地面积的 42.6%，主要分布在慈利县的东部、北部及中南部；重度石漠化面积为 6570.1 hm²，占石漠化土地面积的 12.8%，主要分布在慈利县的东部岩泊渡附近，西南部澧水河两岸；极重度石漠化面积为 726.1 hm²，占石漠化土地面积的 1.4%，主要分布在慈利县的东部柳枝铺附近，西南部金岩附近（表 5-6、图 5-6）。

表 5-6　慈利县 2016 年石漠化监测结果统计表

类别		面积 /hm²	占岩溶区面积比例 /%
石漠化 土地	轻度石漠化	22080.6	10.6
	中度石漠化	21766.5	10.5
	重度石漠化	6570.1	3.2
	极重度石漠化	726.1	0.4
	小计	51143.3	24.7
潜在石漠化土地		113808.6	54.9

类别	面积 /hm²	占岩溶区面积比例 /%
非石漠化土地	42309.7	20.4
总计（岩溶区面积）	207261.6	100.00

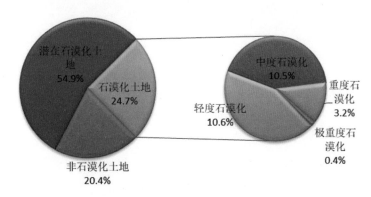

图 5-6　慈利县 2016 年石漠化土地状况与程度面积比例图

六、变化动态与规律

从调查结果看，慈利县的石漠化状况在1990~2005年间加剧，呈逆向演替趋势；2005~2016年石漠化状况有所改善，呈正向演替趋势。

调查结果按石漠化状况分析，从1990~2002年，慈利县石漠化面积从41868.3hm²增加到55134.2hm²，石漠化净增13265.9hm²；2002~2005年，慈利县石漠化面积从55134.2hm²增加到58640.7hm²，石漠化净增3506.5hm²；2005~2011年，石漠化面积从58640.7hm²减少到58118.6hm²，石漠化净减少522.1hm²；2011~2016年，石漠化面积从58118.6hm²减少到51143.3hm²，石漠化净减少6975.3hm²。

从1990~2002年，慈利县潜在石漠化面积从117621.4hm²减少到108187.3hm²，潜在石漠化净减少9434.1hm²；2002~2005年，慈利县潜在石漠化面积从108187.3hm²减少到105693.5hm²，潜在石漠化净减少2493.8hm²；2005~2011年，潜在石漠化面积从105693.5hm²增加到107309.2hm²，潜在石漠化净增1615.7hm²；2011~2016年，潜在石漠化面积从107309.2hm²增加到113808.6hm²，潜在石漠化净增6499.4hm²。

从1990~2002年，慈利县非石漠化面积从47771.9hm²减少到43940.2hm²，非石漠化净减少3831.7hm²；2002~2005年，慈利县非石漠化面积从43940.2hm²减少到42927.4hm²，非石漠化净减少1012.8hm²；2005~2011年，非石漠化面积从42927.4hm²减少到41833.8hm²，非石漠化净减少1093.6hm²；2011~2016年，非石漠化面积从41833.8hm²增加到42309.7hm²，非石漠化净增475.9hm²（图5-7）。

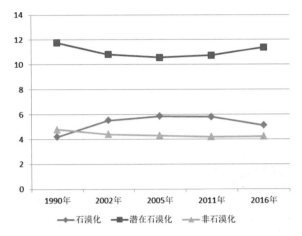

单位：万 hm²

图 5-7　慈利县 1990~2016 年岩溶土地石漠化状况变化趋势图

从调查结果看，1990~2002 年，慈利县石漠化土地中轻度石漠化土地面积增加 3148.1 hm²，中度石漠化土地面积增加 9219.0 hm²，重度石漠化土地面积增加 1673.7 hm²，极重度石漠化土地面积减少 774.9 hm²。

2002~2005 年，慈利县石漠化土地中轻度石漠化土地面积增加 5412.4 hm²，中度石漠化土地面积减少 650.9 hm²，重度石漠化土地面积减少 1372.5 hm²，极重度石漠化土地面积增加 117.5 hm²。

2005~2011 年，慈利县石漠化土地中轻度石漠化土地面积增加 3549.0 hm²，中度石漠化土地面积减少 1478.6 hm²，重度石漠化土地面积减少 1702.6 hm²，极重度石漠化土地面积减少 889.9 hm²。

2011~2016 年，慈利县石漠化土地中轻度石漠化土地面积减少 2393.5 hm²，中度石漠化土地面积减少 2707.6 hm²，重度石漠化土地面积减少 1523.2 hm²，极重度石漠化土地面积减少 959.7 hm²（图 5-8）。

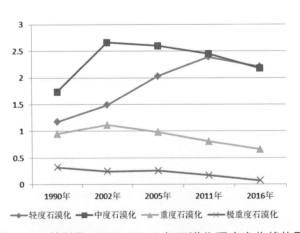

单位：万 hm²

图 5-8　慈利县 1990~2016 年石漠化程度变化趋势图

湖南省慈利县植被覆盖率高，以高植被覆盖分布为主（图5-9），无、极低、低、中低等低植被覆盖面积接近0分布。自2000年以后，植被覆盖度略有下降，但仍未维持在高植被覆盖度下的周期性平衡稳定当中，下降并未呈统计学上的显著下降态势。这种覆盖度略有下降一方面由于地区气候变化或人为扰动造成，也可能是由于数据本身原因造成。在2000年之前（图5-10），区域植被覆盖度以高植被覆盖区域占绝对优势，并呈现出绝对稳定态势，其他植被覆盖度区域分布面积小；自2000年之后，出现以高植被覆盖度与中高植被覆盖度区域分布面积占主要类型，并在面积比上交替领先，此长彼消。但区域内植被依然保持高植被覆盖度态势，并呈现出绝对稳定状态。

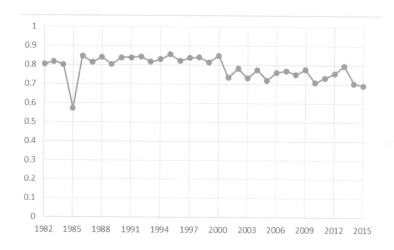

图5-9　慈利县 1982~2015 年间植被覆盖度区分布面积比例图

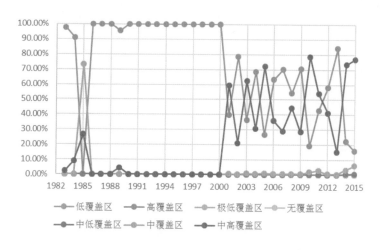

图5-10　慈利县 1982~2015 年间植被覆盖度演变图

七、变化分析

（一）石漠化动态转换分析

从转换矩阵表（表5-7）可以分析出，2005~2011年慈利县石漠化转换面积最大的类型为潜在石漠化，其次是轻度石漠化和中度石漠化，石漠化转换主要集中在等级程度较低的类型，重度、极重度石漠化转变面积较小，慈利县石漠化治理的重点为石漠化等级较轻的类型。从各种石漠化变化分析，潜在、轻度石漠化主要向着无石漠化、潜在石漠化等程度降低的趋势发展，而重度及以上石漠化降低趋势较慢，而且也有很多原本是轻度石漠化的区域变成了中度石漠化，呈现石漠化等级逆向演替。

表5-7　慈利县2005~2011年石漠化转移矩阵表（单位：hm²）

2005年	2011年						
	非石漠化	潜在石漠化	轻度石漠化	中度石漠化	重度石漠化	极重度石漠化	总计
非石漠化	34298.6	6699.2	817.4	697.9	253.7	160.6	42927.4
潜在石漠化	5535.2	89947.2	5676.2	3905	493.3	136.6	105693.5
轻度石漠化	1065.8	2988.5	11934.5	4081.1	237.5	9.0	20316.4
中度石漠化	572.6	6114.7	4829.0	14020.0	326.1	90.3	25952.7
重度石漠化	131.0	1471.1	608.3	1736.6	5789.1	59.8	9795.9
极重度石漠化	230.6	88.5	0.0	33.5	993.6	1229.5	2575.7
总计	41833.8	107309.2	23865.4	24474.1	8093.3	1685.8	207261.6

从转换矩阵表（表5-8）可以分析出，2011~2016年慈利县石漠化转换面积最大的类型为潜在石漠化，其次是轻度石漠化和非石漠化，石漠化转换主要集中在等级程度较低的类型，重度、极重度石漠化转变面积较小。两期转移矩阵都呈现出各种石漠化的转移主要集中在相邻等级之间，石漠化在短时间内一般不会发生等级跳跃变化的规律。开展石漠化治理专项工程后，2011~2016年间高等级石漠化转变面积明显增大，石漠化治理工程成效明显，但是重度及以上石漠化转变面积仍较小，说明治理难度较大，成效缓慢。

表5-8　慈利县2011~2016年石漠化转移矩阵表（单位：hm²）

2011年	2016年						
	非石漠化	潜在石漠化	轻度石漠化	中度石漠化	重度石漠化	极重度石漠化	总计
非石漠化	38114.4	2694.8	937.8	70.1	14.5	2.2	41833.8

续表

2011年	2016年						
	非石漠化	潜在石漠化	轻度石漠化	中度石漠化	重度石漠化	极重度石漠化	总计
潜在石漠化	2690.8	100720.1	2168.6	1395	320.6	14.13	107309.2
轻度石漠化	623.6	5644.6	17035.7	370.1	188.71	1.2	23865.4
中度石漠化	563.1	3470.7	723.1	19408.1	166.9	142.2	24474.1
重度石漠化	247.1	1173.9	1215.4	311.1	5103.1	42.7	8093.3
极重度石漠化	70.7	104.5	0.0	212.2	776.3	523.7	1685.8
总计	42309.7	113808.6	22080.6	21766.5	6570.1	726.1	207261.6

（二）石漠化土地动态变化规律

1990~2016年共26年间，慈利县石漠化土地面积由41868.3 hm^{2}增加到51143.3 hm^2，共增加9275.0 hm^2，增加率为22.2%（近1/4），年均扩展速率为0.77%（表5-9、图5-11）。

从表5-9可以看出，1990~2002年，12年间石漠化土地面积共增加13265.9 hm^2，占1990年石漠化土地面积的31.7%，年均增加2.32%，石漠化面积扩展较快。

2003~2005年，3年间石漠化土地面积共增加3506.5 hm^2，占1990年石漠化土地面积的6.4%，年均增加2.08%，与前一阶段相比石漠化扩展速率略有降低。

2006~2011年，6年间石漠化土地面积共减少522.1 hm^2，占2006年石漠化土地面积的0.9%，年均缩减率为0.15%，这一阶段石漠化扩展与恶化的趋势得到初步遏制并产生好转。

2012~2016年，5年间石漠化土地面积共减少6975.3 hm^2，占2011年石漠化土地面积的12%，年均缩减率达2.52%，与前一阶段相比石漠化土地顺向演变速度逐步加快。

从图5-11可以看出慈利县石漠化土地扩展趋势应该是在2010~2011年被遏制，其后石漠化土地面积开始缩减，并且缩减速率逐步加快。

表5-9　慈利县2009~2016年石漠化土地动态变化表

	1990~2016年	1990~2002年	2003~2005年	2006~2011年	2012~2016年
变动值/hm^2	9275.0	13265.9	3506.5	−522.1	−6975.3
变动率/%	22.2	31.7	6.4	−0.9	−12.0
年均变动率/%	0.77	2.32	2.08	−0.15	−2.52

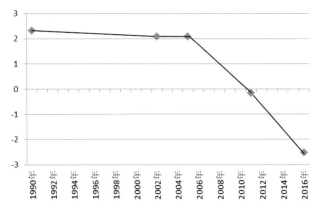

单位：%

图 5-11　慈利县 1990~2016 年间石漠化土地年均扩展速率变化趋势图

（三）石漠化土地程度动态变化规律

1990~2016年石漠化土地总面积从1990年开始扩展至2005年到达最高点，后逐年下降，但至2016年为止石漠化土地总面积仍大于1990年石漠化土地面积（表5-10）。

分程度而言，极重度石漠化土地面积自1990年以来都是逐次下降；重度、中度石漠化土地面积都是自1990年开始扩展至2002年达到最高点而后逐次下降，其中重度石漠化土地面积至2011年已比1990年的对应值减少1401.4hm²，至2016年已减少至2924.6hm²，中度石漠化土地面积直至2016年仍比1990年相应值大4381.9hm²。

轻度石漠化土地面积自1990年开始扩展至2011年达最高点，2016年轻度石漠化土地面积已经比2011年有所下降，但仍高于其他各年度轻度石漠化土地面积。

而石漠化土地程度结构的变化一直在往较轻方向发展，其程度指数值一直在下降（表5-10、图5-12、图5-13）。

表 5-10　慈利县 1990~2016 年石漠化土地程度动态变化表

年份	项目	小计	轻度石漠化	中度石漠化	重度石漠化	极重度石漠化
1990 年	面积 /hm²	41868.3	11755.9	17384.6	9494.7	3233.1
	比例 /%	100.0	28.1	41.5	22.7	7.7
2002 年	面积 /hm²	55134.2	14904	26603.6	11168.4	2458.2
	比例 /%	100.0	27.0	48.3	20.3	4.5
2005 年	面积 /hm²	58640.7	20316.4	25952.7	9795.9	2575.7
	比例 /%	100.0	34.6	44.3	16.7	4.4
2011 年	面积 /hm²	58118.6	23865.4	24474.1	8093.3	1685.8
	比例 /%	100.0	41.1	42.1	13.9	2.9
2016 年	面积 /hm²	51143.3	22080.6	21766.5	6570.1	726.1
	比例 /%	100.0	43.2	42.6	12.8	1.4

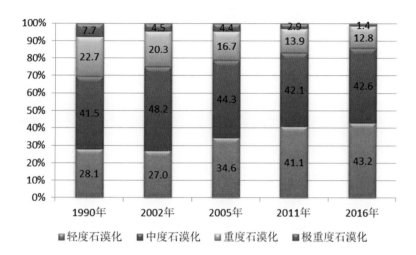

图 5-12 慈利县 1990~2016 年石漠化土地程度结构动态变化图

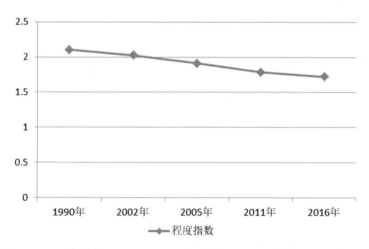

图 5-13 慈利县 1990~2016 年石漠化土地程度指数变化趋势图

第五节 结论与探讨

慈利县石漠化状况总体上从1990~2005年处于恶化状态，随着时间推移恶化情况有所好转，从2005年开始有了初步改善，2005~2016年间逐渐好转。一是慈利县的石漠化面积出现净减少，石漠化状况总体上呈现好转态势。二是石漠化程度呈减轻趋势，轻度石漠化比重增加，中度、重度、极重度石漠化比重下降。这些说明，通过多年的努力，慈利县石漠化整体扩展的趋势得到初步遏制，近年来石漠化状况总体上向好转方向发展，但总体而言石漠化土地面积比1990年仍有接近1/4的增幅，且局部地区石漠化仍在扩展，防治形势仍很严峻，任务十分艰巨。

一、石漠化防治任务依然艰巨

石漠化治理难度主要表现在：一是面积大。如果按照现有的治理力度和治理速度，治理好现有的石漠化土地，使慈利县的生态状况有一个根本的改观，将是一个长期的过程，需要付出巨大的努力。二是治理难度越来越大。石漠化土地基岩裸露度高、土被破碎、土层瘠薄，缺土少水，立地条件原本就很差，治理难度本来就很大，但随着防治工作的推进，条件好一点的区域已优先得到治理，将要治理的石漠化土地立地条件越来越差，治理难度越来越大，治理成本越来越高。特别是岩溶生态系统的修复将是一个长期、艰难、复杂的过程。

二、石漠化驱动因素依然存在

导致土地石漠化的驱动因素主要有：一是社会贫困，发展的压力大。石漠化地区是一个老、少、边、穷地区，慈利县是我国经济最不发达的县之一，发展经济的压力大，任务重，极易出现新的破坏。二是人口密度大，土地承载压力大。据专家研究，在岩溶山地条件下，当人口密度超过100人/km²时，就会出现不合理垦殖和严重水土流失，而当人口密度超过150人/km²时，就极有可能发生石漠化。由此可见，边治理、边破坏在石漠化地区将是长期存在。

三、岩溶生态系统植被群落仍很脆弱

石漠化地区植被以灌木居多，植被群落还未达到顶级群落，稳定性差，易受破坏。要全面恢复到植被原生状态，形成稳定的群落系统，还需要相当长的一段时间。另外，潜在石漠化土地稳定性差，特别是那些由于治理后植被状况明显改善而由石漠化土地转变而来的潜在石漠化，岩石裸露度和地表土壤状况在短期内不可能有实质性的改变，新形成的植被稳定性差，在极端气候和人为破坏的干扰下，极易受破坏，形成新的石漠化。

四、成果巩固措施仍很乏力

一是治理后的石漠化土地难以享受国家生态公益林效益补偿或天然林资源保护政策，使处于修复初级阶段的林草植被没有有效的保护途径。二是石漠化治理形成的林草植被管护与后期监管经费缺乏稳定渠道，管护责任难以落实到位，留下了边治理、边破坏的隐患，如不加大保护力度，工程建设成果有可能前功尽弃。三是因生态效益补偿（补助）标准低，特别是在国家种粮补助等一系列惠农政策的激励下，当种粮和其他经济作物等收益高于现行生态建设补助标准，毁林毁草垦荒的现象会重新抬头，也为建设成果巩固带来巨大压力。

五、自然灾害频繁，对岩溶植被破坏大

近年来，受全球气候变化影响，极端气候频繁，自然灾害频发，植被遭受不同程度的

破坏。2008年的雨雪冰冻灾害和2009年冬季到2010年的春季大旱严重影响了慈利县的林业生产，降水量仅为同期的50%左右，为1952年以来历史同期最少值，林草植被生长受到严重影响，特别是人工幼龄林出现大面积死亡，局部地区森林覆盖率甚至下降3个百分点以上。受特殊气候条件影响，森林火灾频发，森林病虫害严重，森林资源受到严重破坏，植被保护工作面临着严峻的挑战。

综上所述，经过多年的治理和保护，慈利县石漠化治理工作取得了初步成效，石漠化扩展的态势得到初步遏制，岩溶地区生态状况开始呈现良性发展趋势，石漠化治理取得了阶段性的成效。但由于导致石漠化扩展的自然和社会因素依然存在，治理成果的巩固与各种破坏行为的矛盾仍很突出。岩溶地区生态状况的脆弱性、不稳定性决定着石漠化防治任务仍十分艰巨。

参考文献

[1] 陈毅烽.慈利县杜仲资源调查与优树选择[D].长沙：中南林业科技大学，2016.

[2] 湖南张家界市开展水土保持进党校活动[J].水土保持应用技术，2015，（03）:47.

[3] 皇甫江云.西南岩溶地区草地石漠化动态监测与评价研究[D].北京：北京林业大学，2014.

[4] 段小芳.GIS技术支持下岩溶区植被指数的Kriging估计[J].农业工程，2013，（06）:68-71.

[5] 戴昕儒.慈利县特色产业发展问题研究[D].长沙：湖南农业大学，2013.

[6] 本刊编辑部.中国地质科学院岩溶地质研究所获国土资源部质量监督检测中心资质[J].地球学报，2011，（01）:122.

[7] 刘国珍，白惠芳，李朝阳.西南岩溶地区石漠化遥感监测特征分析[J].安徽农业科学，2010，（16）:8543-8546.

[8] 周辉初，任志.国家林业局考察慈利县石漠化治理[J].湖南林业，2009，（06）:39.

[9] 鄂竟平.中国水土流失与生态安全综合科学考察总结报告[J].中国水土保持，2008，（12）:3-7.

[10] 王晓燕，徐志高.基于RS与GIS的岩溶区石漠化时空变化特征——以湖南省慈利县为例[J].水土保持研究，2008，（05）:7-10.

[11] 田卫堂，胡维银，李军，等.我国水土流失现状和防治对策分析[J].水土保持研究，2008，（04）:204-209.

[12] 黄开顺.基于遥感和GIS的桂西南地区岩溶石漠化敏感性评价与监测[D].南宁：广西大学，2008.

[13] 黄志刚.南方红壤丘陵区不同森林类型土壤水分与水土流失特征研究[D].长

沙：湖南农业大学，2006.

[14]童立强.西南岩溶石山地区石漠化信息自动提取技术研究[J].国土资源遥感，2003，（04）:35-38+77.

[15]连米钧.水土流失概念及水土流失强度分级标准探析[J].山西水土保持科技，2001，（01）:21-24.

[16]胡良军，邵明安.区域水土流失研究综述[J].山地学报，2001，（01）:69-74.

[17]杨胜天.论贵州喀斯特石质山地可持续发展[J].贵州环保科技，1996，（04）:10-13.

[18]张岳.我国水土流失现状及其防治对策[J].水土保持通报，1993，（01）:7-10+23.

第六章　湖南岩溶石漠化治理情况

湖南石漠化综合治理规划是以落实科学发展观、推进可持续发展的一项重要规划。规划的指导思想是坚持"预防为主、科学治理、合理利用"的方针，遵循自然和经济规律，以科技为先导，以法律为保障，采取生物治理为主，结合水土保持工程、农村能源建设、生态移民与扶贫开发、科技支撑体系建设进行综合治理；多部门相互配合，正确处理土地利用结构与产业结构，生态建设与经济发展，长远与眼前、整体与局部的关系；保护与恢复林草植被，控制水土流失，遏制石漠化扩展趋势，改善生态状况，增加农民收入，促进石漠化地区经济社会可持续发展，创建人与自然的和谐相处。

规划提出了到两个阶段的主要目标：到2010年，在稳定现有石漠化治理资金渠道、逐步增加投入力度、继续实施面上治理的基础上，国家安排专项资金重点开展5个县的试点治理工作，探索石漠化治理模式和不同条件下的治理方式，治理石漠化面积354km^2，治理区石漠化土地治理率达100%，试点区石漠化土地得到有效治理，生态环境有所改善，农民收入稳步增加。

到2015年，全省岩溶地区石漠化14789km^2、潜在石漠化5546km^{2}的生态系统得到逐步恢复或重建，建立起比较完备的以林草植被为主体的国土生态安全体系和比较发达的产业体系，增加有林地面积3864km^2，全省岩溶地区森林覆盖率提高7.1个百分点，20586km^{2}的水土流失减轻，农民年人均增收近200元。

第一节　岩溶土地治理情况

湖南省省委、省政府对石漠化治理非常重视，将石漠化综合治理作为生态建设的重要内容，纳入了"十一五""十二五""十三五"湖南省国民经济和社会发展规划。多年来，在国家有关部委的大力支持下，湖南省省委、省政府采取有力措施，在岩溶地区大力实施退耕还林、生态防护林、石漠化综合治理、易地扶贫搬迁等重点工程，通过封山育林、植树造林、大力发展生态能源建设、配套设施建设，有效保护和恢复了岩溶地区林草植被，在控制岩溶地区水土流失、改善生态环境、增加农民收入等生态建设与经济社会发展方面取得了显著成效。根据第二次、第三次石漠化监测成果显示，湖南石漠化面积分别较前期净减3.26%、15.38%，石漠化治理速度远大于破坏速度，实现了湖南省岩溶地区生态环境"稳步向好"，治理后的部分岩溶地区呈现出"青山绿水"的良好景象。

据初步统计，2011~2015年间，湖南省岩溶土地采取各类措施进行治理的有62.75万 hm²，其中采取生物措施进行治理的有62.50万 hm²，包括封山管护31.53万 hm²、封山育林15.74万 hm²、人工造林9.87万 hm²、人工种草0.22万 hm²、其他生物措施4.48万 hm²，采取各种农业技术措施治理0.14万 hm²、工程措施的有0.11万 hm²。各类治理措施中重点工程项目主要有石漠化综合治理工程、长（珠）防林体系建设工程、退耕还林还草工程、农业综合开发工程、小流域综合治理工程等。其中，石漠化综合治理工程治理石漠化土地总面积累计达8.88万 hm²，占石漠化土地治理总面积的14.15%。

通过各种治理措施，监测期内全省有8.86万 hm²的石漠化土地转化为潜在石漠化土地，8.62万 hm²的石漠化土地程度减轻。

第二节　石漠化综合治理工程情况

一、石漠化综合治理范围

国家自2008年启动岩溶地区石漠化综合治理工作以来，湖南省共有32个县（市、区）纳入过综合治理范围，截至2016年共启动了两期工程。一期工程为2008~2015年；其中，2008年桑植、慈利、永顺、新邵、安化5县（市、区）纳入试点范围，2011年新增耒阳、邵阳、隆回、石门、桂阳、新化、新田、龙山、沅陵、凤凰10个县（市、区），2012年新增邵东、洞口、涟源、江永、江华、宁远、永定、吉首、花垣、保靖、泸溪、古丈、宜章、零陵、溆浦、临湘16个县（市、区），2014年新增新宁县。二期工程于2016年启动，在湖南省32个治理县的基础上减少耒阳、临湘、宜章、零陵、宁远、沅陵、溆浦、吉首、保靖、古丈、泸溪11个县（市、区），新增东安县。目前有22个县（市、区）纳入全国综合治理范围。

二、工程任务及投资完成情况

2011~2015年，国家共下达湖南省石漠化综合治理资金104025万元，其中中央投资94860万元，地方配套9165万元，截至目前，已完成全部投资，投资完成率100%。建设任务涉及林草植被恢复工程、农业措施、草食畜牧业工程和小型水利水保工程，其中林草植被恢复工程完成人工造林2.95万 hm²、封山育林5.58万 hm²、人工种草0.22万 hm²、草地改良0.10万 hm²；农业措施完成坡改梯工程0.03万 hm²；草食畜牧业工程完成棚圈建设17.64万 m²、青贮窖3.75万 m³，购置饲草机械1373台；小型水利水保工程完成新建或改造排灌渠967.08 km、引水管21.80 km、新建拦砂坝114座、沉砂池495口、蓄水池1575口、新建田间生产道路96.02 km、维修山塘1412口。

三、主要做法与特点

几年来，湖南省始终坚持以人为本、科学规划、综合防治的治理思路，治理的方式、模式不断创新并逐步成熟。

（一）管理体系日趋健全

为确保石漠化综合治理项目早开工、快建设，从省市县到乡村组，均实行主要领导负责制，各项目县都成立了县长或分管县长任组长，发改部门负责综合协调，农办、监察、审计、财政、林业、农业、水利、畜牧等职能部门及项目所在乡镇为成员的综合治理领导小组。领导小组下设办公室，办公地点设在县发展和改革局。整个项目由县发改局牵头抓，负责宣传发动、规划设计、组织实施、协调管理等，林业、畜牧、水利等分别组成项目实施技术小组，专门负责各业务部门项目的技术指导、检查与监督。各项目县根据国家和省有关岩溶地区石漠化综合治理工程的建设和管理规定，制订符合各县市级的项目实施方案和细则，实施方案一般由县发改局组织有关业务部门编制。

（二）治理手段更加综合

方案编制上，注重统一规划、分区施策，根据实际情况，按照轻重缓急、以小流域为治理单元，确定治理片区，集中连片、整体推进。工程设计上，注重技术方案、工程措施的细节化，并落实到村组农户、山头地块。治理措施上，坚持工程措施与生物措施相结合、改善生态与发展产业相结合、完善设施与异地扶贫相结合。项目实施上，注重把项目区内的涉农项目进行整合、统筹安排，并发挥市场机制作用，引导社会资金投入到石漠化治理中。项目监管上，在遵循基本建设项目程序和有关政策的基础上，各项目县领导小组成员经常深入施工现场进行调研和检查，定期对项目实施情况进行抽检，发现问题及时解决。一些县还聘请省林业科学院为岩溶地区石漠化综合治理科技支撑单位，认真搞好岩溶地区石漠化生态恢复技术研究与效益监测。

（三）治理模式推陈出新

造林方面，积极推进林药、林果、林油一体化，并依托科研院所，重点开展对附着性强、郁闭速度快、绿化效果好的藤本植物研发和试点，开发新品种20多个、试点2000多亩。畜牧方面，探索推广集中饲养、科学放牧，集中治污、分散供气的新模式。投入方面，采取农户出土地、公司进行营造林、项目给予适当资金投入，产生效益后，公司按保护价回收农副产品的方式，引导社会力量投入石漠化治理，不断拓宽石漠化治理的资金来源。鼓励大户承包，按承包合同享受权益、承担责任。监测方面，由林业部门牵头，以小流域为单位，建立1~2个监测点，对治理效果进行监测。

（四）构建了综合管理体系

为确保石漠化综合治理项目顺利开展，各治理县都成立了县长或分管县长任组长，发改部门综合协调，农办、监察、审计、财政、林业、农业、水利、畜牧等职能部门及项目所在乡镇为成员的综合治理领导小组。整个项目由县发展和改革局牵头，负责宣传发动、规划设计、组织实施、协调管理等，林业、畜牧、水利等分别组成项目实施技术小组，专门负责各业务部门项目的技术指导、检查与监督。各项目县根据国家和省（自治区、直辖市）有关岩溶地区石漠化综合治理工程的建设和管理规定，分别制订了项目实施方案和细则。

（五）创新了项目建管程序

为确保项目高质高效实施，各治理县在遵循基本建设项目程序和工程招投标、监理等有关政策的基础上，加大对项目的监督管理。同时，定期对项目实施情况进行抽检，查质量、督管理，发现问题及时解决，严防腐败工程和"豆腐渣"工程发生。资金管理坚持专户储存、封闭运行。如新邵县的石漠化综合治理试点工程专项资金，由县会计核算中心实行专人、专账、专户管理，独立核算。

四、取得的成果及效益

（一）治理成果

2011~2015年，湖南省石漠化综合治理工程共治理岩溶土地面积47.78万hm²、占全省岩溶土地面积的8.69%，治理石漠化土地面积8.88万hm²，占全省石漠化土地面积的7.10%，占治理岩溶土地面积的18.59%。在治理的石漠化土地中，5.61万hm²石漠化土地转化为潜在石漠化土地，占监测期全省石漠化土地转化为潜在石漠化土地总面积12.49万hm²的44.92%；有3.27万hm²石漠化土地程度发生顺向演替，占监测期全省石漠化土地程度发生顺向演替总面积8.86万hm²的36.91%。石漠化综合治理工程已成为推动湖南省石漠化土地良性变化的主要因素之一。

（二）取得的效益

1.生态效益

通过治理，全省共有8.53万hm²的岩溶土地植被得以恢复和改善，同时通过小型水利水保工程及修建棚圈等畜牧设施建设相结合，使近4000km²的水土流失面积得以减弱。治理县新增森林面积8.53万hm²，植被覆盖度上升8.73%，每年可吸收二氧化碳275.58万t、释放氧气102.75万t、吸附尘埃185.10万t，生态效益非常明显。

2. 经济效益

通过治理，不但可以带来直接经济效益，同时因生态环境好转等引发的间接经济效益也是难以估量的。据测算，监测期人工造林面积2.95万 hm^2，其中防护林2.84万 hm^2，经济林0.11万 hm^2，防护林按成林后每公顷生产木材45 m^3，单价每立方米1200元计，木材储备效益为153360万元；新增封山育林面积5.58万 hm^2，按每公顷新增木材30 m^3，单价每立方米1200元计，木材储备效益为200880万元；同时，经济林成林后按达产年每公顷收入22000元计算，可年增加收入2420万元。

3. 社会效益

项目实施的社会效益主要表现在以下方面：一是增加森林碳汇总量，提高应对气候变化的能力，促进国民经济可持续发展。二是优化农业产业结构，促进区域经济又好又快发展。石漠化综合治理试点建设内容广，涉及林业、水利、畜牧等多个行业，项目的实施有利于调整和优化当地农业产业结构，提高整体经济效益。三是增加了治理区就业机会，带动运输、农资等相关行业的发展，对周边地区具有较强的辐射带动作用，将有力促进治理区及周边地区的经济持续、健康发展。

五、主要困难和矛盾

湖南省石漠化治理取得了一定的成绩，积累了经验。但石漠化综合治理是一项社会系统工程，具有长期性的特点，涉及部门多，工程量大，规划实施过程中也面临着一些困难和矛盾。

（一）资金投入与建设需求的矛盾

湖南是石漠化比较严重的省份，石漠化面积大、程度深、范围广。面积上，全省岩溶区面积543.62万 hm^2，占全省土地总面积的25.7%，其中石漠化面积147.88万 hm^2，潜在石漠化面积143.77万 hm^2，面积在全国排第4位。程度上，全省中度以上的石漠化面积占现有石漠化面积的68.7%。范围上，石漠化和潜在石漠化地区分布全省81个县（市、区），遍布在武陵山岩溶山地山原地区、涟邵岩溶盆地区和郴州永州岩溶山地丘陵区。大面积、深程度、广范围的石漠化治理，需要大量的资金投入。但囿于多方面原因，资金投入和建设需求存在较大的矛盾，一是石漠化治理单位面积投资补助标准与实际建设投入的矛盾。目前，国家执行的每平方千米岩溶面积补助20万元的标准，是2007年标准。随着经济社会发展、物价水平提高，实际建设投入大大超出当初确定的建设标准。据测算，湖南省每平方千米岩溶面积治理需投资40万元以上，远高于国家投资补助标准。由于投资标准低，国家投入有限，为完成年度建设任务，部分县（市、区）不得不调减建设规模或采用小苗造林，直接影响了工程建设效果。同时，工程建成后缺乏必要的管护经费，导致后期成果巩固难度大。二是实际建设内容与规划目标之间的矛盾。按照2008~2015

年的综合治理规划目标，到2015年全省81个县（市、区）147.88万 hm² 石漠化地区、55.46万 hm² 的潜在石漠化地区生态系统将得到逐步恢复或重建。但囿于投入约束，到2012年全省计划完成的植被保护和建设面积仅涉及31个县（市、区）的4.95万 hm²，仅为规划目标的4%，即使是三年实施方案中确定的年均投入1000万元的基本目标亦仅实现了60%~70%。一些规划建设内容，比如农村能源建设、生态移民、监测体系等无法实施。按现有的投入水平和治理速度，治理任务仍相当艰巨。石漠化加剧的态势没有得到根本遏制，在一些没有开展重点治理的地区还有加剧的趋势。各地迫切希望进一步加大投资力度，扩大治理范围，提高治理标准，增强示范效应。

（二）工程招投标难度较大

特别是国家级贫困县，县级财政十分有限，地方配套资金主要依靠群众投工投劳来实现。如果要实行招投标，项目区群众投工投劳折资很难实现。而且，石漠化综合治理其主要目的就是要恢复生态，更注重生态和社会效益，往往经济效益较低，这种项目往往很难找到投资商出资，按照国家发改委、林业局、农业部、水利部联合下发的《岩溶地区石漠化综合治理试点工程项目管理办法》第五条规定"在县（市、区）人民政府统一领导下，发展改革部门负责工程建设的综合协调和管理，林业、农业、水利等部门负责工程的具体实施"，石漠化治理试点各工程由县级业务主管部门具体实施，实行工程招投标难度较大。

（三）年度计划下达滞后制约了当年建设任务的完成

一般情况下，国家在五、六月份下达每年的投资计划，各省（自治区、直辖市）据此分解下达投资计划、部署并批准初步设计等，各项目县随即开展招标投标工作。这套程序走完已近年底，当年的建设任务只能部分形成实物工作量，从而计划建设任务当年很难完成。到目前为止，2012年计划任务除部分指标完成率达到100%以外，大部分均低于预期，其根因是由于年度计划执行相对滞后。

第三节　典型经验

经过多年的实践，湖南省通过着力培养典型、创造典型、抓好典型、突出地方特色，逐步探索出了一批行之有效、可供推广的治理模式，积累了丰富的石漠化治理模式和建设管理的宝贵经验，为全省实施石漠化综合治理提供了有力支撑。在石漠化治理中，各县（市、区）从实际出发，因地制宜，探索适宜石漠化治理工程的新途径。

① 湘西州利用其季风性湿润气候，水、热条件好，气候优越，生物资源丰富，适宜于石漠化地区造林的乡土树种种类多等自然条件，在立地条件较差、土层瘠薄、坡度较大、

水土流失严重的地段规划营造生态公益林，在树种选择上选择适生、速生、抗性强且具有一定经济价值的乡土树种，如枫香、檫木、香椿、栗树、板栗、麻栋、刺揪、酸枣、马褂木、杜英、木荷、楠木、马尾松、柏木等；在立地条件较好、地势平坦、土层较厚的地段选择名、特、优、新品种营造生态经济林，如金秋梨、核桃、脆蜜桃、黄柏、杜仲、厚朴、花椒、金银花、�撷草、三叶草等经济价值较高的植物品种。

② 洞口县把营造柏木、阔叶树纯林或柏木与阔叶树混交林作为石漠化地区主要造林模式，马尾松纯林作为辅助造林模式。把柏木和耐碱、耐旱、耐瘠薄的阔叶树种作为洞口县石漠化治理的主要树种，并大力营造混交林，其混交模式选择柏木＋刺槐、柏木＋枫香、柏木＋酸枣、马尾松＋枫香等。通过合理配置，优化森林植被结构，以增强其生态功能和抗旱、防火、抗病虫能力。

③ 永顺县探索出了石漠化地区植被恢复的几种模式：一是陡坡地带针阔混交模式；二是土壤瘠薄地带柏木纯林模式；三是林油一体模式；四是林化一体模式。为引导社会力量投入到石漠化治理工作中来，不断拓宽治理资金来源渠道，在石漠化治理实施工作中，该县采取公司＋农户的经营模式，开创了石漠化治理的新途径。农户的生活环境得到改善，成为建设社会主义新农村的一道亮点。

④ 嘉禾县在石漠化治理中，由于生境的特殊性，采取"封、造、管、改"综合措施恢复森林植被和修复森林生态系统，需要人工补植乔木树种的区域，选择石灰岩立地生长较为迅速的当地落叶树种，如翅荚木、光皮树、黄连木、朴树，再补植常绿树种青冈栎、东南栲等；植被管理中，清除大部分的藤本植物，达到迅速恢复森林植被的目的。

⑤ 永州市根据石漠化程度与分布，确定石漠化治理的模式是，石漠化土地上基本上不进行一般性的用材林生产，不栽种生态效益差、生物多样性程度低的针叶树纯林，不栽种速生、树种单一的落叶阔叶树。治理措施包括：a. 以封禁为主；b. 石漠化程度较高地块的植被恢复要进行严格封禁，严格限制人畜活动；c. 石漠化严重的区域应限制养羊；d. 在山脚栽种带刺的藤状植物或蔓生植物，防止人畜干扰，加快植被恢复进程。

⑥ 隆回县根据不同的地理条件，选择不同的树种及治理模式，力求效益最大化。开发研究"湖南省隆回县金银花生态经济型模式"已成为湘、鄂中低山丘陵中亚热带区石漠化治理的主要模式之一。此模式具有郁闭快、水土保持功能强、生态功能稳定的特点，另外金银花是中药材，可增加农民收入，有利于农村产业结构调整。

⑦ 桑植县根据立地条件和社会经济状况，采用以下几种人工植被恢复模式：a. 陡坡地人工植苗恢复模式。在自然植物种子和繁殖体不足、坡度＜35°地段，进行造林种草造林后不再耕种，采用针阔混交、乔灌草立体配置的造林模式，使林木迅速郁闭成林，从而有效地控制水土流失，改善立地质量，提高林地生产力。b. 在植物繁殖体来源丰富、土层浅薄、坡度＞35°地段，自然植被容易恢复时，采用人工促进天然更新模式，利用自然力迅速恢复先锋植被类型，3～5年后对封山育林地段形成的植被进行有目的的抚育管

理，促进目的树种尽快成林，也可通过补植目的树种，加快森林植被的恢复进程。该模式具有投资少、见效快的优点，适应社会经济条件较落后的地区。c.在土层较深厚、坡度<35°、土体连续的坡耕地段，先将坡地修成窄梯田，田坎用石块砌成或保留原生植被带，在田坎外侧种植经济或用材树种，田间种植矮秆作物或药用植物，形成林农复合生态系统，既改善坡耕地生态环境，也可取得一定的经济效益。

第四节　治理成效

一、龙山石漠化综合治理促生态民生"双改善"

自2011年被列入石漠化综合治理重点县以来，龙山县大力实施石漠化综合治理工程，主要涉及林业植被建设和保护、草食畜牧业建设、小型水利水保工程。截至目前，龙山县石漠化综合治理工程累计完成投资2000万元，先后实施了巴子坪、小坪沟溪、洗车河、召市河等小流域31个行政村的石漠化治理，综合治理熔岩面积100 km^2，完成人工造林729.7 hm^2、封山育林376.5 hm^2；修建排灌沟渠17.7km、蓄水池18口，维修山塘11口；建设草地364.12 hm^2、棚圈6217.37 m^2、青贮窖760 m^3，添置饲草机35台。

石漠化综合治理工程的实施，既保护了自然生态，又为群众增收致富创造了良机。据统计，自2011年项目实施以来，龙山县森林覆盖率提高了近3个百分点，解决了2000余亩农田的旱涝保收，人均增收达300余元。

二、泸溪县开展石漠化治理，两年增加森林植被 2 万亩

湖南省泸溪县从2012年开始通过实施林草植被恢复工程、草食畜牧业发展工程和小型水利水保配套工程建设，多种综合治理措施结合，两年来增加森林植被2.03万亩，全县岩溶地区石漠化程度大为减轻，治理区水土流失严重的状况已得到有效改善，一幅青山绿水的新画卷已豁然呈现。

据2011年湖南省岩溶地区石漠化监测结果，泸溪县共有石漠化面积21693.9 hm^2，分布在全县10个乡镇，石漠化土地占全县土地总面积的13.85%。从2012年开始，泸溪被纳入全省石漠化综合治理重点县，计划投入3284.36万元，通过三年时间对石漠化土地进行集中治理。

两年来，泸溪县通过制定了科学方案，多种综合治理措施有效结合，坚持"统一规划、集中连片、综合治理、择优划区"的原则，实施了人工造林、封山育林等林草植被恢复工程、购置饲草机械、新建青贮窖等草食畜牧业发展工程和新建排灌沟渠、蓄水池、拦砂坝等小型水利水保工程。

治理中一方面坚持"因地制宜，适地适树"的原则，在林草植被恢复方面采取"封、

管、造、节"的治理模式，对石漠化严重的灌木林、疏林地和人工更新难度较大的区域实行封山育林进行强封严管，减少人为干扰；对宜林荒山、荒地采取人工造林或补种补植，选用适宜在石漠化地区生长的柏木、马尾松、栾树、麻栎等树种进行造林，恢复植被，遏制水土流失和石漠化扩展。另一方面加强配套设施建设，巩固治理成果，在经济林区、造林区等配套修建小水窖、蓄水池，在水土流失严重的地段建拦砂坝、进行山塘加固、排险和清淤扩容等。同时注重治理模式的多样化和针对性，对农、林、水等各个方面采取不同的治理方式。林业畜牧部分主要采取"以封为主，封、造、育、管"相结合的方法，水利水保部分则采取"拦、引、排、沉、蓄"等方式，多种治理措施有效结合，使其相成，充分发挥综合治理的优势。

三、古丈狠治石漠化，秃岭变成青山

全县启动石漠化综合治理试点工程，通过实施林草植被恢复工程、草食畜牧业发展工程和小型水利水保配套工程建设，两年来增加森林植被2.47万亩。

石漠化是"石质荒漠化"的简称。其现象是植被破坏，水土流失，地表岩石裸露，呈现秃山荒漠景观。古丈石漠化土地占县土地面积的15.1%，潜在石漠化土地占县土地面积的7.9%。从2012年4月起，古丈被纳入全省石漠化综合治理重点县，计划投入3284.36万元，通过三年时间对石漠化土地进行集中治理。两年来，该县坚持"统一规划、集中连片、综合治理、择优划区"的原则，实施了人工造林、封山育林等林草植被恢复工程，购置饲草机械、新建青贮窖等草食畜牧业发展工程和新建排灌沟渠、蓄水池、拦砂坝等小型水利水保工程。治理过程中，实行县级领导包乡，县直机关和乡镇干部包村，技术干部包山头地块的分级责任包干制，层层签订责任状。同时，该县还通过建立多层次培训机制，提高工程管理人员、基层技术骨干和项目区农民的整体素质，从而有效提高了工程建设的科技含量。

两年来，古丈已完成工程投资1300多万元，石漠化地区的森林覆盖率每年提高近3个百分点。

四、桑植县：石漠分外绿引得百姓致富忙

桑植是典型的石漠化地区，岩溶地区土地总面积19.6万 hm²，占全县土地面积的56.5%。其中石漠化面积8.05万 hm²，占监测面积的41%。自2008年开始对石漠化进行深入治理以来，先后投入资金1.5亿元，共治理岩溶区面积2.76万 hm²，治理石漠化面积0.57万 hm²。通过石漠化综合治理，全县森林覆盖率由2004年的64.5%增长到2014年的72.69%。每年可涵养水源73万 m³，减少土壤流失18万 t。2015年，桑植县获评"国家级生态保护与建设示范区"；同年，获评"全国造林绿化模范县"。生态环境的有效改善带动相关产业协调发展，使得地域经济长足增长，有效促进了桑植县全面小康建设。

（一）石漠化综合治理与发展畜牧业相结合

桑植县对利福塔镇苦竹河村、三岔湾村石漠化地区进行重点治理，实施封山育林3200亩，人工造林3860亩，人工种草2050亩，让植被覆盖率由32.5%提高至67.2%。2014年，湖南省石漠化现场会在三岔湾村举行，桑植县现场作了经验交流汇报。在此示范引领带动下，张家界齐峰牧业有限公司亦选择了人潮溪镇南滩草场石漠化综合治理区作为公司基地。在一系列龙头公司辐射带动下，目前，在桑植县澧源西界村、马合口白族乡马合口村、利福塔镇郭家台村等地，种草与天然草相结合，已发展规模牛羊养殖户293家，并带动了当地百姓散养。据县畜牧兽医水产局项目负责人罗跃群介绍，截至目前，桑植县石漠化项目畜牧建设已人工种草和改良草地2651 hm^2，建棚圈9488.1 m^2，青贮窖6894 m^3，现存栏牛4.89万头、羊4.39万只。

（二）石漠化综合治理与发展生态经济相结合

实践中，桑植县较成功地探索出了适宜桑植县石漠化地区植被恢复的几种模式。其中，利用大多数一年生藤本植物播种容易、具有发达根系和较强生命力、在干旱环境条件下植株均能正常生长的特性，在利福塔镇郭家台村和苦竹河村的石山、半石山区广泛种植扶芳藤、金银花、络石、茅岩霉等藤本植物。针对桑植县山大峰高的特点，采取封造并举模式，充分抓住期间长防林和退耕还林机遇，在山顶封山育林，在山中营造柏木＋枫香混交林、枫香＋马尾松混交林等生态防护林，在山腰、山脚营造光皮树、油茶、柑橘等经济林，在适宜的地方见缝插针种植红豆杉等珍贵树种。

同时，在八大公山乡、五道水镇等地因地制宜，种植厚朴、黄柏等中药材8万多亩，在桥自弯乡、竹叶坪乡等地种植玉竹、黄精、百合、白术、三叶木通（又名八月瓜）、木瓜等中药材1.2万亩，同时配套建设蓄水池、引水渠、排洪沟等水利设施，对项目区"山、水、田、林、路"实施综合治理，有效提高植被覆盖率的同时，亦取得了良好的生态经济效益。其中，龙潭坪镇苦竹坪村民熊清明组建了合作社，种植油茶3000亩，建成了油茶产业示范基地。

（三）生态环境改善带来养蜂产业大发展

2015年初，全县存箱蜂群为10008箱。现在全县有存箱蜂群18000箱，有蜜蜂产业企业3家，蜜蜂养殖专业合作社28个，养蜂专业技术协会2家，全县养蜂预计今年底可突破2万箱，到2019年可望达到15万～20万箱。按照县委县政府提出的在2019年实现全面脱贫和养蜂产业精准化扶贫要求。同时，结合桑植县石漠化综合治理及退耕还林、退牧还草等项目，大量补植蜜源性林木并种植紫云英、三叶草等蜜源性植物，切实把养蜂产业做成精准扶贫的钱袋子，带动老百姓脱贫致富，助推桑植县全面小康建设。

（四）新能源新技术推广应用巩固石漠化综合治理成果

桑植地处武陵山区，无论日常生活还是冬天取暖，柴草都是主要燃料。据桑植县能源办相关负责人介绍，近年来，桑植县以实施生态农村富民计划为主线，大力倡导建设"环境友好型"资源节约型社会，开展了一场声势浩大的炉、灶柴草减负行动，鼓励用沼气、燃气、太阳能等代替柴草作生活燃料。同时，出台系列优惠政策，每口沼气池补助资金2000元，安装太阳能热水器、生物质气化炉予以20%补贴。目前，已投入农村能源、新技术推广应用技术资金3.82亿元，累计推广沼气池、节柴灶、节煤炉、太阳能热水器、生物质气化炉共15.8万台，新能源新技术的推广应用，有效保护了环境、节约了资源，巩固了石漠化治理效果。

第七章　湖南岩溶地区石漠化防治实用技术与治理模式

石漠化防治应从导致石漠化的深层次原因入手，对症下药，实行综合治理，要以生态学、生态经济学和系统工程学的原理为基础，谋求人类与自然的和谐、协调发展。

石漠化地区生态整治和重建，应结合我国石漠化地区的实际情况，研究石漠化地区生态环境、经济和社会协调发展的合理规模、产业结构和产品结构的演替特点，分析该地区资源—环境—经济—社会复合系统的结构与功能及演替规律，为实现石漠化地区经济社会的可持续发展提供理论依据。

石漠化地区的生态重建必须根据区域内的生态环境现状和自然、社会经济状况，进行系统、科学的统一规划，实行生物措施、工程措施、耕作措施和管理措施等多方面的有机结合，开展"山、水、田、林、路"综合治理，形成多目标、多层次、多功能、高效益的综合防治体系。要坚持生态重建与经济开发相结合，近期利益与长远目标相结合，治标与治本相结合，生态效益、经济效益和社会效益相结合，走人口、资源、环境、经济、社会协调发展之路，全面促进石漠化地区生态、经济和社会的可持续发展。

第一节　岩溶地区石漠化土地生态系统环境特征与治理

一、生境的多样性和异质性

在各类岩溶地貌上有着十分复杂的小生境组合，包括石面、石沟、土面、石缝、石坑、石槽、石洞、石台、碎石面等，随着土地石漠化及程度的变化，这些小生境的类型比例及组合均发生了变化，各类小生境的差异更加明显，生态修复程度亦不同。石面是最恶劣的干旱生境，温度变化剧烈，缺水缺养分；土面和石沟生境相对优越，土层相对深厚，水分充足，温度变幅小。小生境中生态因子的差异，导致了岩溶生境的异质性。在岩溶环境中，由于生境形成的随机性，各种小生境的空间分布格局及其组合，表现为随机分布，并无一定规律可循。

二、生境的严酷性

岩溶区基本特征是基岩裸露率高、土被破碎不连续、土层浅薄，这决定了其生境的严酷性。碳酸盐岩原生结构是非常致密的，在构造应力作用下，发育了丰富的节理裂隙，成为强透水层。即使有着较丰富的降雨，却因岩溶地区土层浅薄、土壤覆盖率低、土壤总量少、水分贮量低，临时性水分亏缺仍时有发生。

岩溶区水分对森林植被有着极强的依附性。当岩溶地区林草植被遭到不同程度破坏时，太阳直射光照加强，温度升高，枯落物分解加速，地表枯落物数量减少，地下水位下降，岩溶地表、地下二元水文结构逐渐破坏，吸收水分能力亦随之降低，水分渗漏强烈。地表水分留存量减少，蒸发量增加，干旱程度加剧，绝大部分生境温湿变化剧烈，更加剧了生境的严酷程度。

三、生境的脆弱性

岩溶环境是一种脆弱的生态环境，其环境容量小，土地承载力低，抗干扰能力弱，弹性小，阈值低。环境系统内物质的移动能力很强，受干扰后自然恢复的速度慢、难度大，属内生型脆弱，即先天不稳定。其形成的原因：一是碳酸盐岩溶蚀能力强，成土过程困难缓慢，形成1cm厚土壤需1.3万~3.2万年（韦启番，1996），致使土壤浅薄、零星破碎，可流失基数小。二是地表崎岖破碎，山多坡陡，是水土流失和石漠化形成的动力潜能。三是土岩之间存在上松下紧的两种质态界面，黏着力与亲和力大为降低，水土易于流失，对环境脆弱性起放大作用。四是温暖湿润的气候条件，特别是雨热同期及暴雨等灾害性天气，为岩溶地貌的强烈发育提供了侵蚀营力。所以，从稳定性看，岩溶环境属于一种动态脆弱的生态系统。

四、物种的丰富性和较强的适应能力

植被是气候和土壤的综合反映。岩溶植被有着明显的亚热带季风气候特点，岩溶顶极植被是常绿落叶阔叶混交林。在人为负干扰下，随着石漠化程度的加深向着旱生化方向发展，虽然群落类型发生了变化，但群落中由常绿落叶生活型构成的性质并未发生根本性变化。岩溶生境尽管如此严酷，但植物资源却十分丰富，仅在贵州省茂兰国家级自然保护区2万hm²岩溶区内至少有种子植物143科、488属、1142种，蕨类植物11科、19属、31种，藓类植物28科、93属、186种。典型调查表明，900m²样地内组成树种平均为60种，最高76种，群落的物种多样性极高。同时，受到母岩的影响，岩溶区的树种有较强耐旱性。岩溶区虽处于湿润的亚热带，降雨丰富，但由于土层浅薄、土壤总量少、贮水能力低、岩石渗漏性强、降雨不均匀，均存在着不同程度的临时性干旱，生长的树种多有着较强的耐旱能力，这种耐旱能力是植物长期对水分胁迫的适应，集中表现在吸水、持水、输水、耐脱水能力，以及散失水分强度及其组合的差异上。研究表明（何纪星，1993），湿润地区岩溶森林树种对水分胁迫的适应方式和途径与干旱地区相比，只有程度上的不同，并无本质上的差异。与地中海气候区植物对干旱适应的生活型和结构的趋同相比，则表现出极高的适应多样性。碳酸盐类岩石CaO含量极高，据测定，石灰岩和白云岩中CaO含量分别达到54.30%和31.64%（张明，1987），由碳酸盐类岩石发育的土壤中Ca_2+

的含量也极高，历经长期适应，植物形成了对钙的大量积累，演变为喜钙型植物。所以，岩溶森林树种组成中多喜钙物种。耐旱性和钙生性是岩溶树种强适应能力的集中表现。

五、较低的土地生产力

即使是在未退化的顶极乔林阶段，群落生物量也远低于水热条件相似的亚热带人工林和亚热带原生性低山常绿阔叶林，这是由其生境的严酷性所决定的。据测定，贵州省茂兰岩溶森林中分布最广的典型类型，圆果化香、青冈栎林的乔木层地上部分总生物量为 110t/亩，山脊针阔混交林乔木层地上部分总生物量为 102.08 t/hm²，漏斗岩溶森林为 98t/亩（朱守谦，1997）。当环境逐渐退化，温度变幅加剧，土壤总量进一步减少，水分和养分流失加快，土地生产力急剧下降，石漠化末期阶段的群落生物量仅为未退化阶段的 1/200。

六、可利用资源的不确定性

岩溶环境中，资源可利用性有着较强的不确定性，可利用程度随着石漠化程度的加深而降低。在森林环境中，形成了温和湿润的良好环境，即使是最恶劣的石面生境，亦能被植物充分利用，利用率（以生长在该生境中植物株数占所有生境中总株数百分比计）可达 27.4%，其余生境利用率，如石沟达 42.9%、土面为 9.9%。可见，植物对所有自然资源进行了充分利用。而到石漠化末期阶段极其恶劣的环境中，石面生境利用率仅为 1.2%、石沟为 9.2%、土面生境利用率为 77.1%，植物只能以利用占总面积 6.57% 的土面生境为主，资源可利用程度发生了改变。在岩溶环境中，石面、石沟为其主要生境，平均面积占总面积百分比分别达到 52.12% 和 22.30%。因此，温湿变化幅度加剧后，生境资源的可利用性降低，也预示着随石漠化程度加深，植物可以利用的资源越来越少。

七、植被恢复的艰难性和长期性

岩溶石漠化虽地处亚热带湿润区，有着优越的水热条件，以及丰富多样的小生境资源，特别是石缝、石坑、石沟等负地形，仍留存了养分丰富的少量土壤和大量植物繁殖体，植被有着较强的自然恢复潜力，但生境却十分严酷，土壤容量小，水分渗漏强烈，贮量少，临时性水分亏缺导致的干旱十分严重，土地生产力降低，植物幼苗常因此而生长困难，甚至大量死亡，从草坡或稀灌草坡群落恢复到次生乔林群落需要一个十分漫长的过程。碳酸盐岩极其缓慢的成土特性和环境的严酷性，决定了土壤子系统和环境子系统的恢复要依赖植被子系统长期的改造才能得以实现，因此，系统功能的修复需要更长的时间。

如此看来，大面积出露的碳酸盐岩，其生境的严酷性和脆弱性，为石漠化的形成和发展提供了内在基础；而其地理位置和气候的优越性以及小生境的多样性为石漠化的生态恢复与治理创造了条件。

第二节 石漠化生态恢复与治理的理论基础

一、主导生态因子原理

生态因子是指环境中对生物生长、发育、生殖、行为和分布有直接或间接影响的环境要素。如温度、土壤、水分、养料、光照、空气和其他相关生物等。在任何具体生态关系中，任何生物体总是同时受许多因子的影响，每一因子都不是孤立地对生物体起作用，而是许多因子共同作用的结果。任何一种生态因子只要接近生物的忍耐极限，它就会成为这种生物的限制因子。岩溶地区的生态环境复杂多样，特别是小生境异质性高，从而使得各种生态因子差异明显。又由于具有较高的基岩裸露率，土层浅薄、贫瘠且土被不连续，造成生境异常严酷，环境容量小，土地承载力低。因为土层浅薄、土壤总量少，且形成双层水文结构，渗漏性强，贮水能力低，造成了岩溶地区土壤水分亏缺，临时性干旱频繁发生。因此，土壤和水分成为制约岩溶区植物生长的主导因子，在人工植被恢复树种的选择上要尽量选择适生、耐干旱、耐瘠薄的树种，在自然恢复时特别注意防止水土流失。

二、生态系统演替理论

所谓生态系统演替，是指生态系统随时间的变化，一个类型的生态系统被另一个类型的生态系统所替代的过程，它以生物群落的演替为基础，同时包含生命系统和非生命系统的演替。演替反映生物群落和生态系统形成、发展的动态变化，对生态演替的研究有助于正确认识生物群落和生态系统的现状、预测其未来，为管理生态系统和进行生态修复提供科学依据，是岩溶退化生态系统植被恢复与重建的理论依据。引起石漠化生态系统演替的外因有自然因素和人为因素，而主因是毁林（草）开垦、过度放牧、过度樵采、火烧、工矿工程建设、工业污染、不适当的经营方式和其他人为因素。其次是地质灾害（泥石流、滑坡、崩塌、地震等）、灾害性气候（连续暴雨、干旱、水灾等）、有害生物灾害（病害、虫害）非人为控制因素。如岩溶地区原始森林通过采伐转化为灌木林地，过度樵采与放牧转化为石漠化土地，通过逐级逆向演替，最终成为没有利用价值的、岩溶土地退化的顶极状态。而石漠化土地通过人为合理干扰，可从岩溶土地逐步演替为地表覆盖、生态功能稳定的岩溶生态系统，如人工造林，将宜林荒山荒地、石旮旯地通过人工造林与管护，恢复成有林地，实现石漠化土地的顺向演替。

三、生态经济学理论

生态经济学是研究生态系统和经济系统的复合系统的结构、功能及其运动规律的学科，即生态经济系统的结构及其矛盾运动发展规律的学科，是生态学和经济学相结合而形成的一门边缘学科。从复合成生态经济系统的各种因素（条件）的解析和对该系统的综合性研究这两方面出发，促使社会经济在生态平衡的基础上实现持续稳定发展。为了打破生态恶化与贫困恶性循环的中间链条，实现山川秀美、人民生活富足的社会目标，在石漠化综合治理中必须考虑生态经济学理论和方法。把土地石漠化放在社会经济系统中，研究岩溶生态系统的成因与演化，系统的承载能力及抗干扰能力，岩溶生态系统的结构演化及功能状况，社会经济压力的变迁对生态系统的干扰程度，揭示生态经济失衡导致石漠化的内在成因机制。在石漠化的防治中，不仅要满足人们的物质需求，而且要保护自然资源的再生能力；不仅追求局部和近期的经济效益，而且要保持全局和长远的经济效益，永久保持人类生存、发展的良好生态环境，使生态经济系统整体效益优化，实施生态建设与社会经济发展的协调推进，和谐发展。

四、恢复生态学理论

恢复生态学是研究生态系统退化的原因、退化生态系统恢复与重建的技术与方法、生态学过程与机理的科学。"恢复"是指生态系统原貌或其原先功能的再现；"重建"则指在不可能或不需要再现生态系统原貌的情况下营造一个不完全雷同于过去的甚至是全新的生态系统。生态恢复是相对于生态破坏而言的。生态破坏可以理解为生态系统的结构发生变化、功能退化或丧失，关系紊乱。生态恢复就是恢复系统的合理结构、高效的功能和协调的关系，实质上就是被破坏生态系统的有序演替，恢复系统的必要功能并达到系统自我维持状态。群落的自然演替机制奠定了恢复生态学的理论基础，为石漠化土地的生态恢复提供了理论支撑与行动目标。一般自然群落的演替总是从先锋群落开始，经过一系列演替阶段逐渐达到顶极群落，目前岩溶地区的原始森林就是石漠化土地生态恢复的参照物。因此，岩溶地区最有效和最经济的方法就是顺从生态系统的演替发展规律进行植被恢复，通过物质和能量的投入，以及物理、化学、生物和生态技术措施控制或引导生态系统的演替过程和发展方向，恢复生态系统的结构和功能，并使生态系统达到可自我维持的动态平衡。根据生物群落演绎理论，石漠化土地生态恢复的主要措施有，人工造林、种草、封山育林等。其恢复顺序一般应为，先锋植物（一般人工选择草类植物）→当地草种→灌木→乔木（立地条件极差不能演替到乔木）。先锋植物的选择尤其重要，因为它关系到初期有效保持和改良人工固定的土壤，一般应选择根系发达、生长迅速的一年生草类。为更快改善土壤结构，增加土壤养分自给能力，应考虑豆科植物和菌肥的使用。

五、生态位原理

目前被广泛接受的定义是英国生态学家 G.E.Hutchinson 给出的，生物完成其正常生命周期所表现的对特定生态因子的综合位置。即用某一生物的每一个生态因子为一维（X_i），以生物对生态因子的综合适应性（Y）为指标的超几何空间。每种生物在生态系统中总占有一定的资源和空间，占有特定的生态位，其生态位的大小反映了种群的遗传学、生物学和生态学特征。如每一种生物占有各自的空间，在群落中具有各自的功能和营养位置，以及在温度、湿度、土壤等环境变化梯度中所居的地位。因此，在岩溶退化生态系统的植被恢复与重建过程中，要选择处于不同生态位的植物种类，尽可能使各物种的生态位错开，使各种群在群落中具有各自的生态位，避免种群之间的直接竞争。通过合理的空间配置，构建复层的群落结构。其意义表现为，通过林冠层的截留，凋落物增厚产生的地面下垫面的改变，以减缓雨滴溅蚀力和减少地表径流量，控制水土流失；利用植物的有机残体和根系穿透力，以及分泌物的物理化学作用，促进土壤的发育形成和熟化，改善局部环境，并在水平和垂直空间上形成多格局和多层次，形成生态位的多样性，促使生态系统生物多样性的形成；植物分层次利用资源，提高生态系统生产力。

六、生物多样性原理

生物多样性是指一定范围内多种多样活的有机体（动物、植物、微生物）有规律地结合所构成稳定的生态综合体。这种多样性包括动物、植物、微生物的物种多样性，物种的遗传与变异的多样性及生态系统与景观多样性。岩溶生态系统在人为干扰及自然影响下偏离自然状态，植被破坏、基岩裸露、生境破碎，生物失去生存环境，导致土地石漠化，是岩溶土地退化的顶极表现形式，同时生态系统的生物多样性亦逐步减少。其具体体现为，植被结构简单，种群物种种类与数量少，生物量与生产力低，生态功能退化，生态系统不稳定。而生态系统的多样性越高，生态系统越稳定，表现在系统抗逆性强，出现高生产力物种的几率高，系统利用光能效率高，能量流动稳定。因而，在岩溶生态系统的修复中，应充分增加遗传、物种与景观的多样性，维持生态系统的自我平衡。

七、可持续发展理论

可持续发展作为一种新的科学发展观，已经深入到社会发展的各个领域，它既要考虑当前发展的需要，又要考虑未来发展的需要，不以牺牲后代人的利益为代价来满足当代人的利益。其核心思想是，人类应协调人口、资源、环境和发展之间的相互关系，在不损害他人和后代利益的前提下追求发展。可持续发展包括三个方面的内涵，生态的可持续发展、经济的可持续发展和社会的可持续发展。

① 生态可持续发展。可持续发展以自然资源为基础，同有限的环境承载能力相协调，使人类的发展保持在地球承载能力之内，即保护和保证了生态的可持续性，奠定了可持续发展的基础。因而，生态可持续发展是石漠化生态修复的基本要求。

② 经济可持续发展。可持续发展要求重新审视如何实现经济增长，不以保护环境为由取消经济增长，而是鼓励经济持续增长，不仅包括量的增长，更包括质的提高。

③ 社会可持续发展。可持续发展以人为本，改善人类生活质量，提高人类健康水平，发展不仅要实现当代人之间的公平，而且还要实现当代人与后代人之间的公平，向所有

人提供实现美好生活愿望的机会。

在生态、经济和社会可持续发展三者关系上，生态可持续发展是基础层次，经济可持续发展是动力层次，而社会可持续发展则是目标层次，三者不可分割。可持续发展追求是整个生态—经济—社会复合系统的持续、稳定、健康发展。简单地说，生态可持续是前提和基础，经济可持续是条件和动力，社会可持续是目标和归宿。

因而，在石漠化防治中全面贯彻可持续发展理念，以实现石漠化土地的生态修复为根本需求，首要目标是实现生态可持续发展，同时，追求区域社会经济的可持续发展，构建和谐的岩溶生态环境。

第三节　石漠化防治技术体系

在长期的石漠化防治实践中，自从20世纪80年代以来，专家学者关注石漠化防治技术研究，生产实践者在近20年来相继实施的长江防护林工程、珠江防护林工程、天然林资源保护工程、退耕还林还草工程、水土保持工程、农村基本农田建设工程、农村能源工程等一批生态建设过程中，对石漠化防治技术进行了总结、归纳，探索了灌木树种点播、鱼鳞坑整地、切根苗造林、营养袋育苗造林、"客土"造林、生根粉、节水保水等新技术、新方法；并筛选了一批岩生、喜钙、耐高温干旱瘠薄的乡土树种，总结了不同生境、不同树种的营造林栽培技术和分类经营技术；探索了炸石造地和客土改良技术等高耕种技术；地膜覆盖技术、保水剂、保墒技术等高种植生物篱水保技术；"五小工程"及排灌防洪措施等复合农业经营技术；推行人工种草，舍饲圈养技术、林草混交经营技术等；开发研建了适合不同区域、不同原料种类的沼气池、节柴灶和适合岩溶地区农村的经济、高效的小水电技术、太阳能利用技术；推行项目法人制、招投标制、工程监理制、资金管理报账制等，完善检查监督、验收和审计制度，规范工程管理；推行生态效益补偿回馈机制等，对石漠化土地治理、区域生态恢复与重建及社会经济的发展发挥了积极作用。

表 7-1 石漠化防治技术体系

技术体系	技术措施	主要土地类型	地类
生物治理技术	封山护林	非石漠化、潜在石漠化土地	有林地、灌木林地、牧草地
	封山育林（草）	潜在石漠化、石漠化土地	疏林地、宜林地、无立木林地、有林地、灌木林地、牧草地、未利用地
	人工造林植草	轻度、中度石漠化土地为主	宜林地、无立木林地、牧草地、未利用地
	低效林改造	轻度、中度石漠化土地为主	灌木林地、有林地
	生态农业技术	潜在石漠化、石漠化土地	耕地
生物与工程治理技术	坡改梯植树植草	石漠化土地	旱地、宜林地、无立木林地
	退耕还林还草	石漠化土地	旱地
	工矿石漠化治理技术	石漠化土地	建设用地
工程治理技术	坡耕地—坡改梯	石漠化土地	坡耕地
	弃石取土造田（土）	石漠化土地	旱地（石旮旯地）
	沃土工程	石漠化土地、潜在石漠化土地	旱地
	小型水利水保设施建设	石漠化防治的配套辅助措施	
	人畜饮水工程		
社会经济治理技术	农村清洁能源工程		含沼气池建设、节能灶、小水电、太阳能
	人口控制与生态移民		
	扶贫开发及产业建设		
	保护工程技术		含自然保护区建设、森林公园建设、生物多样性保护、病虫害防治等
	生态文化建设技术		含宣传、文化教育、科技培训等
	信息管理技术		
科技支撑体系	科技培训与科技推广体系		
	监测体系与效益评价		
	石漠化技术标准体系		
工程管理	项目法人制、监理制、检查监督机制等		

一、生物治理技术

（一）封山护林（管护）

封山护林是一种投资最少，且预防土地石漠化最直接、最有效的方法之一。也可结合我国天然林资源保护工程、重点生态公益林补偿等生态工程实施。

1. 目　的

通过实施封山管护，减轻或解除生态胁迫因子，保证现有林草植被不受破坏，并朝顶极群落演替发展，提高岩溶生态系统的稳定性、可靠性。

2. 范　围

非石漠化土地、潜在石漠化土地上的林草植被盖度较好的有林地、未成林地、灌木林地、牧草地等以及现阶段不具备人工生态恢复的重度、极重度石漠化未利用土地等。

3. 技术要点

设立管护机构和管护人员，落实管护经费；制订相应的管护措施；设立管护标牌；采用全封、半封和轮封方式。

（二）封山育林（草）

封山育林（草）是一种遵循自然规律，是以封禁为基本手段，充分利用自然植被的恢复能力。具体是指对具有天然下种或萌蘖能力的疏林、无立木林地、宜林地、灌丛实施封禁，保护植物的自然繁殖生长，并辅以人工促进手段，促使恢复形成森林或灌草植被；以及对低质、低效的有林地、灌木林地进行封禁，并辅以人工促进经营改造措施，以提高森林质量的一项技术措施。具有投资少、效果好、易掌握、可操作性强等特点，是石漠化治理中投入少，行之有效的一种方法。

岩溶地区优越的水热条件、丰富的物种资源为植被自然恢复提供了环境和物质基础。一方面恢复早期阶段，群落组成以阳性先锋种占优势，群落高度低、盖度小，先锋种的种实小、重量轻，易到达退化群落中，并能适应早期群落环境，迅速萌发生长，恢复潜力度高。另一方面，自然恢复过程中，植物能较充分地利用岩溶生境中各类小生境资源，如石面、石缝、石沟等，而这往往又是人工造林所不能及的，反映出自然恢复在对资源利用上更合理、充分。在经济发展较落后、交通闭塞、资金有限的条件下，植被自然恢复具有重要作用和地位，但自然侵入树种杂乱，树种间竞争并逐步淘汰所需时间较长，可利用性差。因此，仍需要采取人工促进措施，并逐步实现定向培育。

1. 目　的

对具有一定植被盖度或有特定培育目标的石漠化土地及潜在石漠化土地，以岩溶生态系统自然修复为基础，通过落实管护措施和人工促进补植补播措施（封育措施），提高林草植被盖度，减少水土流失，实现岩溶生态系统的自然修复。

2.范围

包括符合下列条件的石漠化与潜在石漠化土地。

（1）无林地和疏林地封育条件

符合下列条件之一的宜林地、无立木林地和疏林地，均可实施封育。

① 有天然下种能力且分布较均匀的针叶母树每公顷30株以上或阔叶母树每公顷260株以上；如同时有针叶母树和阔叶母树，则按针叶母树除以30加上阔叶母树除以60之和，如大于或等于1则符合条件。

② 有分布较均匀的针叶树幼苗每公顷900株以上或阔叶树幼苗每公顷600株以上；如同时有针阔幼树或者母树与幼树，则按比例计算确定是否达到标准，计算方式同① 项。

③ 有分布较均匀的针叶树幼树每公顷600株以上或阔叶幼树每公顷450株以上，如同时有针阔幼树或者母树与幼树，则按比例计算确定是否达到标准，计算方式同① 项。

④ 有分布较均匀的萌蘖能力强的乔木根株每公顷600个以上或灌木丛每公顷750个以上。

⑤ 有分布较均匀的毛竹每公顷100株以上，大型丛生竹每公顷100丛以上或杂竹覆盖度10%以上。

⑥ 除上述条款外，不适于人工造林的高山、陡坡、水土流失严重地段及沙丘等经封育有望成林（灌）或增加植被盖度的地块。

⑦分布有国家重点保护Ⅰ、Ⅱ级树种和省级重点保护树种的地块。

（2）有林地和灌木地封育条件

①郁闭度＜0.5低质、低效林地。

②有望培育成乔木林的灌木林地。

（3）技术要点

设立封山育林的标志、标牌；落实封山育林的管护机构和管护人员；制订封山育林的封育措施和管护措施。

（4）封山育林的关键技术

① 封育地段的选择。选择具有一定数量的母树或幼树、具有萌芽更新能力的植株、伐桩等无性繁殖体或邻近有母树种子来源的地段，或封山育林可提高林草植被覆盖度的地段，以及郁闭度＜0.5低质、低效有林地、有望培育成乔木林的灌木林地及植被盖度一般的牧草地。

② 封育类型的划分。通过封育措施，封育区预期能形成的森林植被类型，按照培养目的和目的树种比例以及人为干扰方式、立地条件、群落特点、演替阶段、自然恢复潜力等方面的差异，可划分为乔木型、乔灌型、灌木型、灌草型、竹林型5个类型。

③ 封育方式与年限。根据封育地段的植被状况、生态区位及当地的生产生活实际需

要，因地制宜的选择全封、半封和轮封方式。全封，边远山区、江河上游、水库集水区、水土流失严重地区、风沙危害特别严重地区，以及恢复植被较困难的封育区，宜实行全封。半封，有一定目的树种、生长良好、林木覆盖度较大的封育区，可采用半封。轮封，当地群众生产、生活和燃料等有实际困难的非生态脆弱区的封育区，可采用轮封。根据岩溶生态系统自然修复的实际情况，石漠化土地封育年限最低为5年，一般为8~10年。

④ 人工促进天然更新（补植补播）。通常采用栽针留灌抚阔技术，此技术不仅是一种增加阔叶树比例，促进形成混交林，改善造林地生境条件，提高成活率的措施，更体现了一种经营思想，即充分利用造林地植被对小生境的改造作用，造成有利的光、热、湿度、土壤水分等小生境，对侵入树种及造林地原有乔木树种加强抚育，使其形成复层混交林，以改善造林树种的小生境，提高成活率和保存率。具体做法是对封育地区缺苗少树的局部地段通过局部整地、砍灌、除草等手段以改善种子萌发条件；或补植补播目的树种，逐步实施定向培育；间苗、定株、除去过多萌芽条，促进幼树生长，既有利于生态系统的演替发展，又有利于提高经济效益树种数量，促进成林更新速率。树种主要选择"石生、喜钙、耐旱"的乡土树种，土壤条件较好的局部可采用人工植苗方式，补植以乔木树种为主；补播以灌木树种为主。

⑤ 组成及密度调控。通过一段时间的封育后，封育区林木的郁闭度达到一定程度（0.8以上）后，可通过留优去劣、砍弯留直、砍萌生留实生、砍弱留壮、间密留稀、变单纯林为混交林、变单层林为复层林，同时辅以人工整枝，抚育等措施，提高林分的经济和生态效益，维持地力和提高森林涵养水源、保持水土的功能。通常林分中目的树种保留1000~2000株/hm²，郁闭度0.3~0.4，灌木盖度50%左右，并适时调控，有较好效果。

⑥ 管护和利用。加强宣传教育，提高对封山育林的认识水平，特别是加强病虫害防治，杜绝森林火灾和人畜破坏，以保证林分正常生长。制订乡规民约，建立健全森林管护制度，落实管护措施和经费，协调好群众的生产生活用地，遵循生态系统可持续经营的理念，采用灵活多样的封育与管护方式保证林草植被自然恢复，是封山育林成功和实现林业的可持续经营的保障。

（三）人工造林（种草）

人工造林是为了缩短林草植被的恢复时间，通过筛选出具有抗性强、适生的乔、灌木树种或草本，在生境相对优越的地段实施植苗或播种造林种草，加强后期管护与抚育，加快植被顺向演替进程，实现生态恢复与重建。岩溶森林生态系统退化严重地区，从次生裸地上自然恢复植被相当困难，所需时间长，而根据不同的小生境因地制宜的选择不同造林树种进行人工造林恢复林草植被，是岩溶生态系统恢复的最直接、最有效、速度最快的重要举措之一，也是现阶段实现岩溶地区生态状况改善、农村经济产业结构调整的必由之路，是尊重科学的体现。但与封山育林相比，具有投入较大、技术要求高等，如所需种苗量大、整地、造林管护与抚育要求高等，且严重受到环境状况和经济条件制约，但一旦造林种草成功，林草植被恢复速度相对较快，效果明显。在一些人力所不能触及的荒山、未利用地等石漠化土地，还可实施大面积的飞播造林，降低造林成本，效果也十分明显，如在贵州黔南州实施的飞播造林，昔日的荒山现已变成一片翠绿。

1. 目 的

对缺乏幼苗、幼树和母树资源，自然修复能力较差的石漠化土地，通过实施人工植树造林种草，提高林草植被覆盖率，改善岩溶生态环境，并实现农村经济结构的调整。

2. 范 围

发生在无立木林地、宜林地、旱地、牧草地及未利用地上的石漠化土地，以轻度、中度石漠化土地为现阶段的治理重点。

3. 主要技术措施

退化岩溶森林自然恢复过程表明了其主体是由低级阶段向高级阶段顺向演替的过程，但仍具向更高级阶段演替的潜力，加之在恢复早期恢复速度慢，因此在树种选择上要以自然群落、不同演替阶段的群落或原生性群落的种类组成作为树种选择的依据，以乡土树种为主，同时引入一些处于演替较高阶段，有培养前途，已有一定栽培经验的树种，提高恢复潜力和速度。总之，树种（灌木、草本）选择首先尊重生物学原理，并要兼顾经济效益。在传统造林技术的基础上，通过不断发扬、创新，现形成了包括径流林业技术、容器盛水造林技术、干旱区节水造林技术、注射灌溉节水造林技术、柏木桤木混交林营造技术、植物篱营造技术等新技术。

（1）选择造林树种（草种）

选择造林树种时要考虑树种的生物学、生态学特性，选择适应性强，耐干旱瘠薄、喜钙、根系发达、成活容易、生长迅速、更新能力强，特别是无性繁殖更新能力强的树种，同时要考虑树种的生态防护效益和经济效益。详见第四节石漠化地区造林树种选择。

（2）苗木选择与供应

① 种苗供应。由省级林业部门统一安排，部署种子的调运和种苗生产。各县（市、区）要求建立种苗站和种苗培育基地，实行苗木定点供应，健全种苗管理和技术服务体系，保证种苗的数量和质量。

② 苗木要求。选择优良种源，实施就地取苗，选用Ⅰ级、Ⅱ级苗木等常用造林技术是必需的，在条件允许的区域，在栽植和补植时，选择切根苗和容器苗也是提高造林成活率的有效措施。在育苗期间切苗，能促进侧根发育、增加根系生物量和呼吸面积、提高根与地上部分的比例，间接地提高造林成活率，试验表明切根苗造林成活率较对照组提高6%。容器苗在移植时对根系伤害少，能促进植株的成活，尤其在种植与补植时期受恶劣天气影响较小。根据实际情况，苗木定植之前可采用生根药物浸根、保水剂等技术处理，提高造林成活率。现已成熟的技术有：吊丝竹节间切口育苗技术、马尾松切根育苗技术、

刺槐播种育苗技术等。

（3）造林季节

造林季节确定适宜与否，直接影响到苗木的成活，以及直播种子发芽及发芽之后能否顺利成长。通过研究，土壤水分一般趋势在雨季期间含水量高，旱季期间含水量低，阴天（雨量少的）和雨天含水量虽低但较稳定。根据以上规律，造林最好选择在雨季的阴天或小雨天进行，以可提高造林的成活率。

（4）密度与配置

造林密度以"见土整地，见缝插针，适当密植"为原则。确定合理的密度还须综合考虑培育目的、树种特性（包括种类、生长速度、冠幅大小等）、立地条件等方面。若营造用材林，其树种生长快，冠幅大，立地条件适宜，且为混交复层林时，造林密度可适当小一些，反之可大。经济林，尤其是混农作业，可适当疏植。用材林密度，针叶林一般为 3000~6000 株 /hm^2；阔叶树种为 2500~4500 株 /hm^2；经济林一般为 390~1667 株 /hm^2。种植点配置视生境特征、立地条件而定，一般无规则配置。

（5）整地技术

造林地整理时不全面砍山、不炼山，充分利用造林地植被覆盖，以减少土壤水分丧失。试验表明，造林地保留不同株数和盖度（30%~80%）的灌木草本，土壤平均含水量提高 11.5%，造林保存率提高 11.7%。

整地时依据岩石裸露率高，土壤多存在于岩间缝隙之中的特点，采用北方气候干旱地区造林整地的成熟经验。在整地时采用鱼鳞坑整地，有利于汇集径流，可提高穴内含水量，可比同一时期同一部位的块状整地的土壤含水量高 2.7%，苗木成活率提高 10%~20%；造林后用地膜、枯枝落叶甚至石块覆盖穴面可降低土壤蒸发，具有较好的保墒作用，采用覆盖穴可提高土壤含水量 5%~10%；另外可采用保水剂等保水措施，以提高苗木的保水能力；整地时在栽植穴下坡外缘用石块砌成挡土墙，以保持水土。

（6）定植技术

由于石漠化区域土层薄、土体不连续，土壤含水量低且季节性强，因而采用植苗造林为宜。但因树种不同，可根据当地实际采用直播种子造林、容器苗造林，对于立地条件较好的退耕地也可采用插条造林。植苗造林的关键有以下几点。

根系舒展。即定植的苗木根系应向四面均匀地伸展，而无扭转弯曲的现象。

适当深栽。一般土壤下层较为湿润，适当深栽苗木，可使根系吸收更多水分，并可阻止风力动摇根部，折断新生嫩根。

覆土踏实。根部覆土后，应踏实不留空隙，保证根部能与土壤紧密接触。

汇集表土，造林穴表面用石块或植被覆盖技术。汇集表土可造成局部较厚土层的小生境，加之造林穴表面覆盖，有利于土壤保墒，提高土壤含水量和造林成活率。

促根剂和保水剂等新技术的使用。苗木栽植前，选用 ABT 生根粉配制成 $50\,g/m^3$ 或 $100\,g/m^3$ 的溶液及根宝溶液浸根造林，可提高苗木根系活力和再生能力，促进根系的发育，增加抗逆能力，提高造林成活率。另外对造林地块使用保水剂，可减少水分蒸发量，据试验比较，在干旱和石漠化地区造林，其成活率可提高30%左右。

新技术、新工艺的应用。主要包括 ABT 生根粉的处理方法，ABT 生根粉在桑树、金银花扦插育苗中的应用，生根粉与菌根剂的应用技术，高效抗旱保水剂应用技术，保水剂在干热河谷中的应用，拌土型和蘸根型吸水剂应用技术等新技术；包括提高陡坡造林地成活率技术，覆膜育苗技术，覆膜造林技术，漏斗式、扇形式径流集水整地技术，"88542"隔坡反坡水平沟整地技术等新工艺。

（7）抚育与管护

抚育是保证造林绿化效果的关键，有"三分造，七分管"之说。人工造林的抚育年限一般为连续3年。

所有实施治理的石漠化土地必须实行封山管护，禁止采土采石，禁止放牧，禁止打柴和烧荒，禁止复垦。并在交通要道设立石漠化治理工程标志碑，按一定面积确定一位管护员，制订管护的奖罚制度。

（8）间伐措施

对林分郁闭度达到0.8以上，或遭受病虫害或自然灾害导致林木受损，抑制林分生长，且林分的生态效益和经济效益逐步下降。此时应对林分及时进行抚育间伐。间伐的对象、方式与普通林分基本一致，但间伐强度相对较小，且尽量间伐针叶树种，保留阔叶树种，间伐后林分的郁闭度不小于0.6。

（四）低效林改造

对于坡度较为平缓、林分生态防护效能较差、林分生长缓慢或经济价值较低，但具备进行定向培育的潜在石漠化或轻度石漠化土地，在保证其生态效益的条件下，遵循自然规律，通过合理的疏伐、抚育、补植或采伐改植改造等措施，提高林分质量，定向培育用材林、防护林和经济林，实现生态效益与经济效益的有机统一。

1. 目 的

通过对低产低效林分进行改种、疏伐、除杂除草或适当补植目的树种，增强石漠化土地及潜在石漠化土地的生态效益的同时，提高土地生产力，实现高产高效的目的。

2. 范 围

立地条件较好的潜在石漠化土地或轻度石漠化土地的有林地、灌木林地。

3. 主要技术措施

① 对于林分生长缓慢、防护与经济效益极差，且不符合培育目的的林分，在尽量保护好下层灌木、草本，保证生态环境不恶化的前提下，对乔木树种进行采伐，选择生态效

益、经济效益好的目的树种进行林分更新，培育符合经营目标的林分。

②密林疏伐与补植。对于林分密度过大，优势树种或目的树种不突出，实施合理疏伐，疏伐的原则为"去劣留优，去小留大，保留目的树种去除杂木"，株行距尽可能保持在2m×2m以上，每亩保留100株以上为宜，以保证林分通风透气，增大接受光能的空间，减少病虫害的发生。同时对林中空地及时补植目的树种，改善林分结构。

③开沟保土。对水土流失严重的石漠化土地要保留林草植被，进行梯土化及垦复抚育，开设排洪、分洪沟，并设置生物绿篱。同时，对裸露根进行培土，提高土壤蓄水保肥能力，促进根系生长，改善树体营养状况。

④修枝复壮。对于营养不良、过早老化、主干不突出的树木，可通过人工截干萌芽更新或修枝复壮。同时对冠内的病虫枝、干枯枝、细弱枝、徒长枝全部清除，培育成长良好的林分。

⑤除草松土。每年2~3月和9~10月各进行除草和清杂1次，结合除草工作，对林地翻垦、培土1次，提高目的树种吸收肥水的能力，为增产增效打下良好基础。

⑥科学施肥。结合除草松土，建议在改造完成后的前3年每年施肥1次，经济林根据树木生长实际，可适当增加施肥次数。肥料建议以农家肥为主，无机肥与有机肥合理搭配，可保证肥效长，施果好。

⑦病虫鼠害防治。低产低效林改造要加强病虫鼠害的检测检疫和预测预报，发现病虫鼠害及时制订防治措施，科学防治。幼苗或幼树阶段发现有老鼠经常出没危害时，投放老鼠药；发现有病虫害时，及时采用低毒高效低残留的农药防治，做到防早防小，不成灾。

（五）生态农业技术

1. 目　的

在农业生产过程中，采用优良品种，改变传统经营方式，加强水土保持措施，实现生态环境良好的高效农业，实现岩溶地区群众的增产增收，加速区域农民脱贫致富的步伐。

2. 适宜范围

潜在石漠化与石漠化耕地。

3. 主要技术措施

①改变传统的粗放经营和顺坡耕种，采用等高耕种，按现代农业耕种模式，实施节水保水技术、地膜覆盖技术、保墒技术、修建生物篱、小型水保措施，防止水土流失，防止石漠化扩展。

②大力推广优良抗旱高产高效的新品种，推广农林、农药、农牧混合经营模式，增加生态系统的稳定性。

③实现降坡、平整土地，进行客土改良，大力推广农家有机肥和生物农药，提高土地

生产力,增加单位面积产量。

④ 提高土地的复种指数和覆盖度,减少土地裸露时间,防止雨水冲刷。

二、生物与工程治理相结合技术

(一)坡改梯——植树种草、种植农作物技术

1. 目 的

通过将坡耕地改成梯田(地),用于种植经济高效的用材林、经济林及农作物,同时减少水土流失。

2. 范 围

坡度比较平缓,土被比较连续且土层相对较厚的轻度、中度石漠化土地。

3. 技术要点

① 坡改梯后一般在新建梯地的外侧用石头砌成挡土墙,防止水土流失。

② 在耕地的外侧种植乔灌木或草本,营造生物绿篱,提高涵养水源的能力,防止造成新的水土流失。

③ 在树种选择上优先考虑培育生态型经济林或农作物,提高经济效益,调整区域的农村经济结构,如种植花椒、苘楝、花红李、核桃、板栗、杜仲及高效农作物等。

④ 实施良种壮苗、加强水肥管理、科学防止病虫鼠害,也是确保高产高效的重要措施。

(二)退耕还林还草工程治理技术

1. 目 的

对坡度较大,水土流失严重的坡耕地,通过实施退耕还林还草工程,恢复林草植被,减少水土流失,改善生态状况;同时适当发展经济林(药材)比重,实现农村经济结构调整,发展高效林业、牧业,构建岩溶地区的可持续发展。

2. 范 围

坡度较大(重点为25°上以坡耕地),水土流失严重的石漠化坡耕地及石旮旯地。

3. 技术要点

① 在树种选择上优先考虑生态效益,同时要注重经济价值。

② 在树种搭配上,注重乔灌草配植、针阔混交、多选择常绿阔叶树种。

③ 编制作业设计,严格按作业施工,并制订严格的管护措施,预防退耕地的复垦。

④ 严格按政策兑现各项政策。

（三）工矿石漠化治理技术

1. 目 的

对工矿废弃石漠化土地通过植树种草，增加地表植被盖度，防止崩塌、滑坡、泥石流和水土流失等自然灾害发生，改善区域生态条件。

2. 范 围

凡是开矿采石废弃后形成的土地石漠化。

3. 主要技术措施

① 以选择须根发达、耐旱的灌木树种为主，乔灌草相搭配。

② 根据工矿石漠化不同区域，采取不同的生态恢复模式。对于工矿石漠化基岩裸露的平坦地段，需进行炸石整地、客土造林；对于边坡碎石区域，则在保护好现有植被的条件下，选择要系发达的低矮灌木和草本（藤本）进行治理；对于陡坎和石壁顶部采取开挖排水沟，清除地质灾害隐患物，如大树、单个岩石等；陡坎和石壁可通过喷混植生、液压直喷、植生槽（盆）、钢筋砼框格悬梁、三维网喷混植生、梯级爆破等方式，充分利用高科技手段培育土壤基质，增加坡面的接触面或通过工程措施为林草植被生长创造环境，在保证安全稳定的条件下，加快林草植被恢复。

③ 加强水肥管理，创造林木、草本适生环境。

三、工程治理技术

（一）坡耕地—坡改梯工程

1. 目 的

通过对坡耕地进行降坡、清除裸露岩石、土地平整，修筑阶梯状的耕地，提高土地生产力。

2. 适应范围

人多地少，耕地资源非常紧缺的区域，对部分坡度平缓、土层相对深厚的轻度、中度石漠化坡耕地。

3. 主要措施

① 按"GB/T 16453.1—2008"规定的水土保持综合治理技术规范和坡耕地治理技术，采用沿等高线进行降坡，清除坡耕地中的裸露岩石，对土地实施平整，在梯土外侧用石块砌挡土墙，挡土墙高度通常略高于耕地水平面。

② 在耕地的外侧可种植灌木或草本，营造生物绿篱。

③ 根据坡地梯田面积和水源情况，合理布设池、塘、堰等蓄水和渠系工程，充分利用降水，解决灌溉与拦蓄泥沙等问题。

（二）弃石取土造田（土）

1. 目　的

通过对坡度平缓、基岩裸露度相对较小、土层较深厚的石漠化土地改造成耕地，提高土地生产力。

2. 适应范围

人多地少，耕地资源非常紧缺的区域，对部分坡度平缓、土层相对深厚的轻度、中度石漠化荒山荒地、未利用地。

3. 主要措施

① 通过爆破手段炸除裸露石头，将土壤集中起来，开垦成旱地或水田，可有效防止水土流失。

② 加强对耕地周边林草植被的保护。

③ 修建合适的小型水利水保设施，提高防洪抗旱，抵御自然灾害的能力。

（三）沃土工程

1. 目　的

对土层瘠薄、生产力低下的耕地实施土壤改良，增加土层厚度和土壤肥力，提高土地生产力，实现增产增收的目的

2. 适应范围

对于坡度较为平缓的轻度石漠化坡耕地和潜在石漠化坡耕地。

3. 主要措施

① 实施客土工程，增加土层厚度；施加农家有机肥料、生物绿肥及化肥，培肥土壤。

② 依据自然条件，修建小型水利水保设施，提高防洪抗旱，抵御自然灾害的能力。

③ 加强对土壤养分诊断分析，根据土壤养分缺失状况进行科学补充。

（四）小型水利水保设施建设

1. 目　的

对石漠化防治区域科学布设小型水利水保设施，提高有效灌溉面积，增强抵御自然灾害的能力，形成多功能的防治体系。

2. 适应范围

水资源缺乏及水资源有效利用率低的石漠化区域。

3. 主要措施

① 合理布设引水渠、灌溉渠、拦砂坝、谷坊坝和小水塘等拦、蓄、积、灌、排设施。

② 充分利用当地水资源，包括地表和地下水资源。

（五）人畜饮水工程

1. 目　的

确保石漠化区域的群众及牲畜的生活用水需求。

2. 适应范围

生活用水匮乏的石漠化区域。

3. 主要措施

① 房屋周围选择合适的地段建立人畜饮水设施，包括蓄水池、水窖等，充分利用水资源。

② 加强人畜饮水设施周边的环境保护，防止水资源的污染。

四、社会经济治理技术

通过减轻或解除石漠化社会胁迫因子，实现石漠化区域的生态保护和脱贫致富同步发展。

（一）农村清洁能源工程

农村能源短缺是造成农民滥砍滥伐，加速土地石漠化的重要原因。坚持"因地制宜、多能互补、综合利用、讲求效益"和"开发与节约并重"方针，以市场为导向，以服务农村经济发展为目的，将农村清洁能源建设置于农业、农村经济的可持续发展之中，确保石漠化综合治理得到巩固、不反弹。农村清洁能源工程主要包括沼气池工程、节能灶（汽化炉）、小水电和太阳能等。

1. 沼气池建设

目前，农村主要能源仍是薪材，而薪材的砍伐是石漠化地区植被破坏的重要因素之一。因此，实施以沼气池建设为主要内容的农村能源建设工程，特别是大力发展以沼气为纽带的生态农业，不仅可改变农村能源结构和用能方式，减少生产生活活动中对森林植被的破坏，巩固封山育林成果，改善生态环境，增强生态自我修复能力，更重要的是以沼气为纽带把沼气建设与养殖业、种植业和加工业相结合，从而形成"猪—沼—果""猪—沼—菜""猪—沼—鱼"等一系列生态农业模式，通过对物质的多层次利用，实现生态、经济良性循环，推动农业和农村经济协调可持续发展，增加农民收入，促进农村社会文明进步，实现生态效益、经济效益和社会效益同步提高，增强人们的生态环保意识，激发群众治理石漠化的积极性。

目前推广应用较多的主要有曲流布料水压式、底层出料水压式等沼气池型。

沼气池工程技术要求：为保证沼气池的正常运转，农户需常年存栏4头猪，并种植4亩林木（经济林）或2亩蔬菜，形成以沼气为核心的生态经济农业体系，实现农村的小康生活。

沼气池选址要根据当地的地质水文情况，选择土质坚实、地下水位低、背风向阳靠近畜禽舍、厕所，有利于沼气池进料和越冬的地段；沼气池与厨房的距离不要超过25m。

聘请经过培训、持有施工合格证人员建沼气池，完工后沼气池应经过10d左右的养护，通过试压检验后，确保沼气池不漏气、不漏水，才能投入使用。

在沼气池使用实践中总结的经验是"三分建池，七分管池"，表明对沼气池的日常管理非常重要。主要包括：经常检验其酸碱度，控制在pH的范围在6.8~7.5之间为宜；沼气池要勤加料和勤出料，沼气池的投料比例应严格按规定执行；经常搅拌沼气池内的发酵原料，控制发酵浓度，户用沼气池适宜的发酵浓度应该控制在6%~10%；做好安全发酵，预防有毒有害物质入池，以免造成池内细菌中毒；安全管理，沼气池的进、出料口应加盖，预防人、畜掉入；沼气池要安装压力表，当压力过大时，应立即用气或放气，确保压力稳定在一定范围内；经常检查进、出料口用开关是否有漏气、漏水现象发生。

2. 节能灶（汽化炉）

节能灶（汽化炉）是一种投资少，省能、高效、低污染的高新技术产品，可使用煤、薪材、秸秆、茅草等作为能源。经测算，每年可节约一半能源。为了减少石漠化区薪材的消耗，确保项目区内每农户有1口沼气池或节能灶（汽化炉），政府可以适当补助购灶费用。

节能灶技术要求：安置在通风容易的位置，使用时应严格遵守操作说明。

3. 太阳能工程

太阳能是太阳内部连续不断的核聚变反应过程产生的能量。太阳能既是一次性能源，又是可再生能源，它资源丰富，既可免费使用，又无需运输，对环境无任何污染。目前石漠化地区主要推广的有太阳能热水器，小容量的太阳能蓄电池等。

太阳能设备必须购置正规厂家生产的产品，使用过程严格按操作手册执行。

4. 小水电工程

小水电代燃料工程以解决农民生活能源为主，用电完全替代烧柴燃煤，改变农民生活方式，可以有效巩固退耕还林、还草成果，有效保护天然林资源，进一步提高区域内植被覆盖率，恢复和保护生态环境，防止石漠化土地扩展；提高区域内农民群众的生活水平，促进农村经济发展，是一项兼顾"生态、社会、经济效益"的德政工程、民心工程，可真正实现"以林涵水、以水发电、以电护林"的良性循环。

目前，小水电技术相当成熟，在西南地区广泛使用，是我国农村电气化建设的重要内容，也是石漠化土地防治和农村脱贫致富的重要辅助手段。

（二）人口控制与生态移民

石漠化地区的人口增长过快，土地环境承载压力大，是石漠化快速扩展的社会胁迫因子。减轻人口压力是实现石漠化区域生态恢复与可持续发展的有效手段。石漠化地区的人口控制主要有生态移民、家庭计划生育，发展策略（劳务输出）和社会保障体制建立与改革等。

1. 家庭计划

加大计划生育政策的宣传，树立新的先进生育文化意识；依据农村实际，在政策许可且不影响发展的前提下，做出合理的家庭人口发展生育计划。

2. 发展策略

鼓励妇女跳出家庭，接受教育，并激励和创造环境使妇女得到发展，使妇女彻底抛弃通过生育子女和家庭来展示自身价值的传统家庭模式；同时加快农村城镇化发展速度和劳务输出力度，转移农村剩余劳动力资源。

3. 社会改革

在石漠化地区，首先依靠政府调节能力，加大改革，建立一套与之相适应的农村老人社会保障和社会照顾体制，只有这样才能使人口控制变成一个自觉行为，巩固现有因政策法律而产生的人口控制成果。

4. 生态移民

对于生态区位重要，岩石裸露，水资源缺乏，生态状况明显恶化，耕地土壤生产力低下，不适宜于人类居住的区域，适当安排生态移民。

① 选择生态移民点要确保搬迁群众有稳定的土地资源和经济来源，能适应社会主义新农村建设的需要。

② 同时加强对原有居住区域的石漠化土地的综合治理，包括封山育林（草）、人工造林等生态恢复措施。

③ 实施生态移民不能强制执行，必须尊重当地群众的意愿。

（三）扶贫开发及产业建设

在保护岩溶地区生态状况的前提下，充分发挥岩溶地区资源优势，国家在政策、资金、技术等方面进行扶持，加快产业结构调整步伐，促进当地经济社会的发展，实现农村的脱贫致富。岩溶地区具有丰富的自然景观、人文景观等旅游资源优势，实施招商引资、承包经营等途径加大旅游资源开发力度，壮大旅游产业，通过大力推广优良种质资源，培育种养业及相关的加工产业等体系，如金银花产业、茶业产业、水果产业、纸浆材产业等；岩溶地区矿产资源丰富，加大矿产资源开发与加工利用力度；利用岩溶地区的水力资源，加快水利水电建设。

（四）保护工程技术

1. 自然保护区建设

我国岩溶石漠化地区具有复杂多样的自然环境种质资源丰富，植被类型多样、古树名木及珍稀保护野生动植物资源独特和种类繁多，为生物多样性保护和自然保护区建设提供了良好的条件。建立自然保护区不仅是我国生态建设和保护事业的需要，也是我国石漠化种质资源保存和石漠化防治的需要。结合岩溶地区自然、社会经济状况，在岩溶生态严重退化地区，或植被保存较为完好的地区，选择原生性、典型性相对较高的珍稀野生动植物原生地及天然林区等特殊功能区，抢救性地建立各种类型的自然保护区。下阶段要加大石漠化区域自然保护区建设力度，做到"防、治、保"全面协调发展。

2. 生物多样性保护

除实施自然保护区建设进行生物多样性保护外，还通过封山育林（草）、种质资源保护工程、建设森林（湿地）公园、保护小区等方式，防治岩溶区域的生态退化，危及生物多样性。

3. 病虫鼠害防治

病虫鼠害大面积爆发可能导致岩溶地区生态恶化。必须贯彻"预防为主，综合治理"的方针，做到早发现、早防治，将病虫害控制在萌芽阶段。建立比较健全的病虫鼠害监测预报体系，落实监测人员。病虫害防治积极推广生物防治技术。

4. 森林防火

岩溶地区森林火灾对岩溶林植草被构成了严重威胁，是石漠化发生的重要因素。森林防火工作必须认真贯彻"预防为主，积极消灭"的方针，做到见火即报，发现火警火灾，及时组织人员全力进行扑救；建立消防机构，组建森林防火体系；成立专业或半专业森林防火紧急扑救队伍，配备风力灭火机、二号扑火工具等必需的森林防火扑救工具；按照《森林防火条例》，应健全森林防火制度，设置永久性护林防火宣传橱窗、森林防火宣传牌和防火标志牌，深入公园周边社区进行宣传教育。

5. 生态文化建设技术

加大石漠化防治宣传力度、加强文化教育和科技培训，提高群众文化与生态素质水平。

① 对国家生态建设相关的法律法规和石漠化防治的目的意义宣传，提高群众的生态环保意识和防治的紧迫性和必要性的认识。

② 巩固岩溶区域的义务教育成果，提高学校教育水平，开办农民夜校，提高区域群众的文化与生态素质水平，消除文盲。

③ 举办各类技术培训班，增加群众的种养技术水平。

6. 信息管理技术

当今是信息时代，加强信息管理和交流，有利于对石漠化治理进程和质量进行动态监控、模拟植被动态演替和土地消长变化，及时对治理模式进行调整，保障治理成效。

① 配置电脑软硬件设施和 GPS 等，开通网络，掌握石漠化相对信息。

② 建立数据管理信息系统和地理信息系统，对资源监测、动态变化等信息采用计算

机管理，提高数据的使用率。

五、科技支撑体系

"科学技术是第一生产力"，将科技水平贯彻在石漠化防治的各个环节，提高科技含量，是确保石漠化防治成效的关键。

（一）科技培训与科技推广体系

工程建设中，依托科技支撑单位，负责技术指导，在适生树种筛选、种苗培育、综合治理技术模式、效益评价、生态经济型植物开发利用、病虫害防治等技术方面加大科技培训，提高科技含量，为石漠化防治提供了技术支撑。

在充分发挥现有培训机构作用的基础上，建立和健全国家、省、地、县四级技术培训体系。

国家级培训对象为各省（自治区、直辖市）、地、县（市、区）工程主管领导、技术骨干以及负责地方培训工作的管理和科技人员。培训内容包括法律法规、有关政策、规划设计、工程管理、新技术、新工艺和治理模式。培训方式可采用举办培训班、现场技术指导、交流参观、网络咨询、开通热线等方式进行。各地要有计划、有步骤对基层人员和农民进行技术培训，提高治理者整体素质。

（二）监测体系与效益评价

工程监测和效益评价是对工程建设进度和质量进行监测和科学评价，为工程建设提供科学决策依据。

① 石漠化监测体系。包括以5年为期限的定期监测、重点地区的动态监测、定位监测，建立地理信息数据库和石漠化预警系统，提高监测水平。

② 效益评价。充分利用岩溶地区建立的若干个生态定位监测站，参照生态工程建设效益监测体系，进行抽样检查，建立石漠化防治效益监测体系和评价制度，准确评价石漠化防治的进展和质量。

（三）工程技术标准体系

根据工程建设需要，以现有生态工程建设的技术标准为基础，开始着手制定石漠化防治的系列标准和技术规范，如石漠化监测技术标准、质量检查验收办法、石漠化防治成效评价标准等。

在工程实施过程中做到按标准设计，按标准施工，按标准验收，规范工程管理，把好质量关。

六、工程管理

结合石漠化实际，在石漠化防治工程中推广项目法人制、招投标制、工程监理制、资金管理报账制、检查监督、验收和审计制度等，逐步完善工程管理规章制度，规范工程管理；对林业用地实行分类经营，分类指导，对生态公益林实施生态补偿，加大商品林经营利用力度；在产煤地区、水电站及库区和重点江河中下游地区开展征收生态建设补偿基金，加速石漠化区域的生态建设等。

第四节　石漠化地区造林树种选择

一、石漠化土地生境状况分析

① 石漠化土地有着十分复杂的小生境类型，包括石面、石缝、石沟、石洞、石坑、石台、碎石面、土面等类型。总之，综合表现为基岩裸露率较高，都在30%以上，普遍达到50%左右。

② 土被不连续、土层浅薄、贫瘠，石粒含量较高，土地生产力较低，环境容量小，土地承载力小，抗干扰力弱。

③ 由于岩溶土地形成其特有的"地上""地下"双层水结构，土层薄贮水能力低及岩石渗漏性强，导致可利用水资源有限，造成了岩溶地区土壤水分亏缺和排水不畅，临时性干旱和洪涝灾害频繁发生。

④ 植被状况普遍较差，林草植被盖度在50%，其中乔木林的郁闭度通常在0.2以下，且群落结构简单，物种数量、种类少，且具有明显的退化特征。

⑤ 石漠化土地普遍存在山高坡陡，水土流失强度大，生态状况极其脆弱，生态环境破坏容易而生态恢复与重建难度大。

⑥ 因受地形、地貌及地表小生境的影响，其小气候特征（光照、热量、水分等生态因子）也迥然有异，表现出各不相同的生态有效性。

总之，由于岩石裸露率高，土壤总量少，水分留存对森林强烈的依附性强，造成了石漠化生境异常严酷，环境十分脆弱，环境容量小，抗干扰力弱，受干扰后自然恢复的速度慢，难度大。

二、造林树种选择原则

石漠化治理过程中，造林树种选择坚持适地适树的原则，尽量选择原生性的乡土树种，满足物种的多样性，采用乔灌草相搭配，实现生态与经济效益兼顾，符合定向培育的目标。具体应遵守以下原则。

（一）原生性、乡土树种原则

石漠化造林树种选择优先考虑原生性群落种类，以乡土树种为主，尤其以常绿阔叶性的乔灌木树种为主。对于引进造林树种必须开展引种试验栽培后，表现稳定且对该地物种不构成威胁时，才允许进行推广。

（二）多样性原则

树种选择应仿照原生性群落种类组成，坚持乔、灌、草相结合，合理配置，多物种生态恢复与重建，形成复层异龄的多物种稳定生物群落。

（三）定向性原则

所选绿化造林树种（草）必须符合定向培育的生产经营目的，实现效益最大化。

（四）地带性原则

根据项目区的气候、地形地貌及社会经济状况，遵循适地适树的原则，选择合理的造林树种。

（五）生态适应性原则

选择造林树种具有耐干旱瘠薄、喜钙、萌蘖性强、分布广、抗寒抗旱的树种（草）。

（六）生态与经济效益兼顾原则

造林树种选择以生态树种为主，适当考虑经济树种，实现水土保持的基础上，尽可能发挥土地的经济生产能力。

三、造林树种选择要求

①能忍耐土壤周期干旱和热量变幅悬殊。具体说，在幼苗期间，既能在土壤潮湿环境下生长，亦能抵抗土壤短期干旱的影响；既能在温差小的环境下生长，亦能在夏日炎热天气日夜温差较大的条件下不致受到灼伤或死亡。同时，在高温、干旱综合影响作用下，亦能照常进行生理活动。

②要求根系特别发达，具有耐瘠薄土壤。主根在岩缝中穿透能力强，更为重要的是侧根、支根等向水平方向发展能力强，即在岩隙缝间的趋水趋肥性显著，须根发达，具有较强的保水固土作用，且能充分分解和吸收利用土壤中的养分。

③成活容易，生长迅速，能够短时期郁闭成林或显著增加地表盖度。

④最好具有较强的萌芽更新能力，便于无性天然更新，提高抗外界干扰能力。

⑤适宜于中性偏碱性和喜钙质土壤生长的树种。

四、石漠化区域的主要造林树种

（一）适宜于石漠化地区的乔木造林树种

银杏、柏木、侧柏、圆柏、杉木、马尾松、湿地松、马褂木、川桂、香叶树、核桃、桃、梨、李、油桐、乌桕、板栗、枇杷、杜仲、黄柏、阴香、黄连木、刺槐、榭栎、麻栎、小叶栎、尖叶栎、栓皮栎、青冈、赤皮青冈、福建青冈、朴树、紫弹朴、冬青、香冬青、女贞、泡桐、光皮树、柿树、红椿、香椿、臭椿、苦楝、川楝、喜树、栾树、山合欢、朴树、椤木石楠、石楠、桃叶石楠、刺楸、菜豆树、翅荚香槐、化香树、枳椇、南酸枣、无患子、旱柳、梓树、枫杨、构树、竹类（慈竹、方竹）等。

（二）适宜于石漠化地区的灌木造林树种

山胡椒、火棘、竹叶花椒、油茶、檵木、盐肤木、杜鹃、山鼠李、薄叶鼠李、皱叶鼠李、李叶绣线菊、中华绣线菊、枹栎、烟管荚蒾、马桑、南烛、小蜡、丽叶女贞、蕊帽忍冬、忍冬、河北木蓝、黑叶木蓝、狗骨、桃金娘、黄荆、杭子梢、大叶胡枝子、胡枝子、牡荆等。

（三）适宜于石漠化地区的草本植物

苔草、绞股蓝、雀麦、大白茅、大油芒、油芒、黄茅、毛秆野古草、橘草、菅、黄背草、苞子草、细柄草、硬秆子草、荩草等。

五、湖南石漠化分区域的主要造林树种

湖南在全国石漠化治理分区属于"湘鄂中、低山丘陵中亚热带区（Ⅲ）"，分为2个亚区。

① Ⅲ-1. 湘西岩溶中、低山区；

② Ⅲ-2. 湘南、湘中岩溶丘陵区。

该区属典型的中亚热带气候类型，高温多雨，四季分明，年均降雨量在800~1800mm，以低山丘陵地貌为主体，基点海拔不高但相对高差较大，主要包括湖南、湖北的西南部和东南部。该区岩溶分布面积达800多万 hm^2 ，石漠化面积200万 hm^2 ，约占石漠化面积1/7。当前存在的主要问题为，潜在石漠化面积大，集中连片；石漠化呈块状或带状分布，如湖南湘西州与湖北恩施州，湘中地区的安化、新化、隆回、新邵县和湖北东南部的大冶、阳新等县；立地类型复杂。

（一）湘西岩溶中、低山区

属西南岩溶区的东缘，年均温在15~20℃；年降雨量在800~1200mm；属山地地貌；岩溶地貌发育强烈，石漠化程度较深，且成片分布。主要包括湘西州全部、张家界市与怀化市的部分县（市、区）。

石漠化面积相对集中，且程度深，水土流失严重和生态环境脆弱，是湖南省经济最不发达的少数民族聚居地区。

主要造林树种有：圆柏、中山柏、铅笔柏、湿地松、火炬松、柳杉、麻栎、白栎、栓皮栎、女贞、臭椿、刺槐、桤木、杜仲、乌桕、漆、桑、盐肤木、刺梨、紫穗槐、金银花、杜鹃、山葡萄等。

（二）湘南、湘中岩溶丘陵区

该区年均温在18~24℃；年降雨量在1000~1600mm；属山地、丘陵、平原地貌；岩溶地貌发育一般，石漠化土地呈带状、块状分布。主要包括邵阳市、娄底市、益阳市、永州市、郴州市的部分县（市、区）。

石漠化面积不大，但分布较集中，且景观效应较差。

主要造林树种有圆柏、火炬松、柳杉、麻栎、白栎、栓皮栎、女贞、臭椿、刺槐、苦楝、桤木、杜仲、乌桕、漆、桑、盐肤木、梨、桃、刺梨、紫穗槐、雪花皮、金银花等。

第五节　湖南省石漠化治理模式

本区属典型的中亚热带气候类型，高温多雨，四季分明，年均降雨量在800~1800mm，年均温在15~24℃；以低山丘陵地貌为主体，基点海拔不高但相对高差较大。主要包括湖南湘西岩溶中、低山区，湘南、湘中岩溶丘陵区。

一、桤木与柏树混交防护林栽培模式

① 适宜范围：年平均气温15~20℃，年降雨量900~1400mm，土壤深厚、水肥条件好且空气湿度大的石漠化丘陵、山地区域。

② 技术思路：充分利用桤木、柏树具有改良土壤的能力，抗性强、生长快、郁闭快、成林早、防护效果好等特点，大力发展桤木、柏树生态经济型防护林，促进树种、林种结构调整，大大地提高石灰岩地区森林涵养水源、保持水土及改善生态环境的综合能力。

③ 技术措施：整地时间以8~9月为宜，坡度在25°以下的整地主要以水平带状反坡整地和穴垦为主，坡度在25°以上的整地主要以穴垦整地为主，表土回填成龟背形。造林时间为当年12月至翌年2月中旬。苗木应选择根系完好的一年生实生苗，苗高80~100cm，地径粗0.8~1.0cm为宜。模式配置可选择"桤木＋柏木"块状混交模式或"桤木＋柏木"行间混交模式。桤木造林后的前3年，每年夏、秋各抚育1次。

④ 效益分析：本模式技术简单，容易操作，郁闭早，成林快，能尽快恢复植被，达到较好的绿化效果，并能解决群众的烧柴、用材等问题，促进林种、树种结构调整，具有较高的生态、经济效益。

二、金银花中药材生态经济林栽培模式

① 适宜范围：海拔 1000~1500 m，土壤为山地黄壤或黄棕壤，年均气温11℃左右的高湿低温区的石漠化土地。

② 技术思路：金银花是木质藤本植物，冠幅大，根系发达，固土能力极强，具有优良的生态学特性。在保留基本耕地的前提下，对坡度25°以上及水土流失严重的坡耕地，大力实施金银花林药栽培模式，建立生态经济型产业资源基地，既能保持水土，又能帮助农民快速脱贫致富。

③ 技术措施：主要伴生树种有厚朴、黄柏、杜仲、雪花皮、牛膝、白术等；栽植方式，有条件的地方沿等高线做阶梯状，梯地宽3~5 m，中间栽植厚朴（黄柏、杜仲），密度为50株/亩；林下种植牛膝、白术等草本药材；梯地边栽植金银花、雪花皮锁边，密度为150株/亩。主要配置有，三木（厚朴、黄柏、杜仲）+两花（金银花、雪花皮）+草本药材（牛膝、白术）生态经济型立体配置；厚朴+金银花高效生态经济型防护林配置。

④ 效益分析：本模式较好地解决了农林矛盾，见效快，效益好，群众容易接受，既能提高群众参与造林绿化的积极性，又能增加群众经济收入，达到脱贫致富奔小康的目的。

三、低山河谷杜仲、柏树生态经济型混交林模式

① 适应范围：在海拔500 m以下的低山河谷地段，水热相对充足，岩石裸露率高于50%的中度以上石漠化土地。

② 技术思路：杜仲是一种经济价值较高的中药材，对土壤的要求不太高；柏树具有耐干旱瘠薄、成活率、保存率高，是治理石漠化土地的先锋树种。两者混交种植具有较强的互补性，同时在立地条极差的局部栽植灌木，提高地表覆盖度。

③ 技术措施：不炼山，尽量保持原有植被，采取鱼鳞坑整地。杜仲与柏木混交按1:3的比例，在土层深厚的地块种杜仲40~60株/亩，柏树交叉种植在杜仲之间，栽植穴规格通常为30 cm×30 cm×30 cm。杜仲在造林后3年内要进行施肥，每亩8~12 kg。造林后加强管护，避免人畜破坏。种植灌木树种主要有栎类灌丛、杜鹃等。

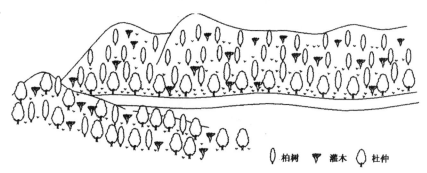

图 7-1 低山河谷杜仲、柏树生态经济型混交林模式

④ 效益评价：柏树密植有利用于尽早郁闭成林，保持水土，种植杜仲可获得可观的经济效益，有利于农村的脱贫致富，本模式的生态、经济效益俱佳。

四、岩溶地区工矿废弃地治理模式

① 适应范围：岩溶地区由于开矿取石后形成的废弃石漠化土地。

② 技术思路：采取合理规划、分类设计、分区治理的原则，将废弃石漠化土地分成石壁顶部、石壁、料场迹地和边坡四部分，并分别采取不同的治理技术，实现石漠化土地的最终治理。

③ 技术措施：在石壁顶部采用草本或灌木树种进行绿化，以防止下雨时对石壁的冲刷，另外顶部（10m范围内）尽量清除高大乔木，防止塌方；石壁的治理主要有喷混植生、液压直喷、植生槽（盆）、钢筋砼框格悬梁、三维网喷混植生、梯级爆破等工程与生物相结合的治理技术；料场迹地的治理可采用爆破整地技术，造林树种可选择喜钙质、深根性、耐瘠薄干旱的树种，如柏木、刺槐、栎类等树种；边坡治理主要是在保存原有植被基础上，进行挖穴客土植树，以常绿灌木树种为主；另外在边坡和料场迹地撒播草种、保水剂和土壤混合体，加速地表林草覆盖；治理后严禁人畜破坏。

④ 效益评价：该模式的投资虽较大，但能较快实现绿化，改善生态环境，另外城郊可适当栽植部分观赏性树种，提高景观效应。

五、湘西高湿低温区植被恢复模式

① 适宜范围：适宜于海拔1200~2000m、相对高差800m以上的地区，主要气候特点为高湿、低温，土壤由石灰岩发育而成，土层浅，植被稀疏，自然恢复力差的山原地带。

② 技术思路：由于模式区的气候条件恶劣，造林树种选择是成功的关键。为此，须选择合适的造林树种以形成针阔混交林，提高植被的覆盖度，增强涵养水源、保持水土的功能。选择以日本落叶松为主，马褂木、黄山松、华山松、水青冈类等在山原地貌也表现良好的树种。

③ 技术要点：保留有价值的阔叶林，沿等高线呈"品"字形穴垦整地，穴规格为50cm×50cm×40cm。日本落叶松与马褂木以8：2的比例进行带状混交。日本落叶松用二年生苗，马褂木用当年生苗造林。立春至雨水间造林，行距2.0m×3.0m×2.5m。栽植时先汇集表土，增加定植穴土层厚度，做到苗正根舒，深栽压实。造林当年锄抚、刀抚各1次，以后每年刀抚2次，连续抚育3年。

④ 效益评价：本模式简单易行，植被恢复快，容易形成结构合理的复层混交林，生态效益显著。

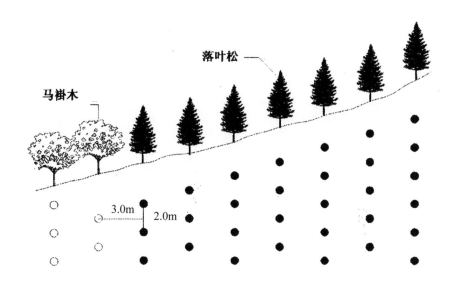

落叶松

马褂木

3.0m　2.0m

图 7-2　湘西高湿低温石漠化土地生态恢复模式

六、湘西中低山防护林体系建设模式

① 适宜范围：适宜在海拔 1000m 以上，山体较大，坡面长，坡度徒，相对高差大，土层浅薄、气候复杂，降水丰富，雾多，空气湿度大、植被稀少，水土流失严重，生态环境脆弱，经济欠发达的山区及河流两侧的石漠化土地上推广。

② 技术思路：人工造林与封山育林相结合，兼顾生态和经济效益，建设水土保持林和水源涵养林。在山顶选择适生的高山适生树种，采用封、造结合的方式建设水源涵养林；在山腰选择固土能力强的树种营造水土保持林；在山脚选择经济价值较高的适生经济、药材树种，营造高效经济林。坡面较大时，设计、布设"一坡三带"，即水源涵养林带、水土保持林带和农林复合型经济林带。

③ 技术要点：山顶水源涵养林，树种选择日本落叶松、刺柏、光皮桦、桤木等适宜高山生长的树种，采用行状或带状混交方式营造混交林。一般秋冬季穴状整地，规格 50cm × 50cm × 50cm。冬春季造林，密度 200~300 株 / 亩，随起随栽，苗正根舒，适当深栽，分层填土、踏实。造林后辅以封山育林措施，以形成乔灌草复层结构。山腰水土保持林，选择保土保水能力强、生长快的树种，形成异龄复层结构混交林分。混交方式采用带状混交，栽植密度 200~300 株 / 亩。林带的宽度一般 20m 左右，两带之间的距离为 50m 左右。山脚高效经济林，选择水果或木本油料、干果为主的经济林树种，脐橙、茶叶、油茶、梨、李等，建设高效经济林。

④ 效益评价：本模式在湖南省中方县、沅陵县推广面积达 80250 亩，年产值在 1 亿元以上，成效显著，既保持了水土，又成为当地群众脱贫致富的主要途径之一。

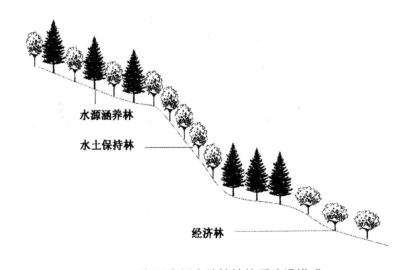

水源涵养林

水土保持林

经济林

图 7-3　湘西中低山防护林体系建设模式

七、湘西北低山丘陵区水土保持林建设模式

① 适宜范围：年降水量 900~1400mm，母岩以石灰岩为主，土层厚度通常低于 40cm，人口密度大，天然植被稀疏，树种单一，森林质量差，生态功能低的湘西北低山丘陵石漠化地区。

② 技术思路：营造桤木与柏木、刺槐混交林，增加土壤肥力，促进树种、林种结构调整，提高森林涵养水源、保持水土的能力，建立稳定的植被生态体系。

③ 技术措施：树种还可选择栎类、马尾松等。整地，整地时间为 8~9 月份。坡度 25° 以下的荒山、荒地、退耕还林地，带状整地，带宽 0.8~1.0m，深度 20~25cm；坡度 25° 以上，穴垦整地，穴的规格为 60cm×60cm×50cm，表土回填为龟背形。栽植，造林时间为当年 12 月至翌年 2 月中旬。在土层较深厚、肥沃的地段营造薪炭林时，密度 400~500 株/亩；营造用材林，110~220 株/亩。在冲风的山脊、山洼、风口要适当深栽；在岩石裸露、土层瘠薄的"三难地"上造林时，可选择柏木、刺槐小块状或行间混交，行间距 2.5m，180~200 株/亩；桤木与刺槐混交，行间距 2.0m，栽植 150~180 株/亩。桤木作为伴生树种，8~12 年便可采伐用作坑木或造纸材。抚育管理，桤木造林后前 3 年应加强抚育，每年夏、秋各抚育 1 次。每年 4 月份初至 5 月份中旬进行第 1 次抚育，有条件的可每穴施复合肥或磷肥 0.25kg；第 2 次抚育时间在 9~10 月份，主要是清除杂草。桤木薪炭林，可采用平茬方法，增加薪材产量。

④ 模式成效：本模式技术简单，容易操作，能尽快恢复植被，促进林种、树种结构的调整，达到较好的绿化效果。并能解决群众的烧柴等生产、生活问题，具有较高的生态、经济效益。

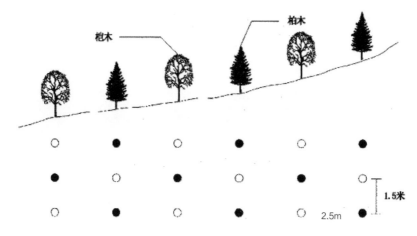

图7-4 湘西北低山丘陵区水土保持林建设模式

八、湘中马尾松防护林治理模式

① 适应范围：基岩裸露率高，土壤瘠薄的中亚热带石漠化土地。

② 技术思路：在保留原有植被的条件下，采取"见缝插针、见土植树"的方式，栽植造林绿化先锋树种 —— 马尾松，与原有保留的阔叶树种构成针阔混交林。

③ 技术措施：不炼山，不全砍，采取穴状或鱼鳞坑整地；采用一年生马尾松裸根苗或半年生营养袋苗；适当密植，180~280株/亩，造林后穴上用石块、枯枝落叶或塑料薄膜覆盖，防止水分蒸发；造林后加强森林管护，严禁人畜破坏；前3年每年进行1次松土、除草和培土。

④ 效益评价：由于马尾松是造林绿化的先锋树种，本模式具有造林成活率高，由于保留了原有树种，可形成复层混交林，生态功能稳定。

第六节　湖南省石漠化治理成功案例

一、湖南慈利金岩小溪沟综合治理案例

（一）自然条件概况

该案例区位于慈利县西南部金岩乡小溪沟，土地面积33000亩。属亚热带湿润季风气候，年均降水量1390.5mm，年均蒸发量1410.7mm。成土母岩为石灰岩、白云岩，海拔190~650m，基岩裸露度高，石漠化现象突出，土层瘠薄，植被群落结构简单，森林覆盖率仅10%。

（二）治理思路

以影响生态环境的石漠化土地为治理重点，采取植树造林、封山育林为主要治理手段，适当修建小型水利工程设施和发展以圈养为主的畜牧业等，不断扩大林草植被面积，减少水土流失，遏制石漠化扩展态势，建立起可持续发展的生态体系，促进石漠化地区经济的快速发展。

（三）主要技术措施

① 树种选择：坚持因地制宜、适地适树的原则，选择适应性强、根系发达的柏木、刺槐等乡土树种为造林树种。

② 整地：林地清理方式为带状清理或全面清理。在坡度为25°以上的造林地采取带状清理方式，即沿等高线方向带状割灌，带宽5m，带间距1m；在坡度小于25°的造林地，可采取全面清理方式。因造林地植被盖度低，基岩裸露度大，清理时应尽量保留原有乔木和灌木，禁止火烧炼山。整地采用穴垦，品字形配置，表土还穴，穴规格为40cm×40cm×40cm。整地时间为冬季，即造林前1~2个月。

③ 苗木：采用Ⅰ、Ⅱ级苗造林，其中Ⅰ级苗必须达到85%以上，严禁采用不合格苗木。推广使用GGR6号植物生长调节剂浸根技术，以提高造林成活率。

④ 栽植：实行小块状混交造林，在土层相对深厚的山坡下部及凹地栽植刺槐；在山坡中上部土层相对贫瘠的地段栽植侧柏。遵循见缝插绿的原则，在岩缝间土地上尽量合理密植，初植密度为300株/亩，柏木与刺槐株数比例以8:2为宜。造林宜在1月上旬至3月上旬的雨天或阴天完成，造林前采用GGR6号植物生长调节剂浸泡苗木根部，打好泥浆，做到随起随造。采用植苗造林，栽植时做到苗正、根舒、深栽、压实。

⑤ 抚育管理：连续抚育3年，每年锄抚1次、刀抚1次，共计抚育6次，锄抚于每年5月、刀抚于9月完成。对封山育林地块实行专人看管，在牲畜及人为容易破坏的地方设置水泥桩围栏。

⑥ 配套建设：适当修建小型水利工程设施和发展以圈养为主的畜牧业，改善项目区农民生产生活条件，减轻居民对植被需求的压力。

（四）成　效

通过2年的综合治理，项目区增加人工造林面积787.5亩，封山育林13383亩，修建拦砂坝4座，整修山塘5口，修建蓄水池20座，建设棚圈面积1195m²，青贮窖280m³，添置饲料机械18台，净增或改善区域森林植被面积14170.5亩，有效地遏制了项目区的水土流失及土地石漠化的扩展；同时为当地剩余劳动力提供了15750个工日的就业机会，增加了农民收入。

（五）适宜推广区域

本案例适宜在亚热带湿润气候区的中、重度石漠化区域推广。

二、湖南慈利夜叉泉流域马尾松+枫香混交治理案例

（一）自然条件概况

该案例区位于慈利县中部零阳镇夜叉泉流域，属澧水一级小支流，土地面积34500亩。属亚热带湿润季风气候区，年降水量1390.5mm，年均蒸发量1410.7mm。海拔在90~1050m，成土母岩为石灰岩，土壤为石灰土。基岩裸露程度大，石漠化现象严重，植被群落结构简单，森林覆盖率低。

（二）治理思路

根据石漠化土地特性，选择马尾松、枫香2种对土壤要求不严，能相互促进，形成针阔混交林的树种，实现地表较早覆盖，形成相对稳定的岩溶生态系统。

（三）主要技术措施

①造林地选择：选择灌丛地或宜林荒山荒地造林。

②树种选择：坚持因地制宜、适地适树的原则，大力营造混交林，生态林以马尾松、枫香为主。

③整地：林地清理方式为带状清理或全面清理。在坡度为25°以上的造林地采取带状清理方式，即沿等高线方向带状割灌，带宽5m，带间距1m；在坡度小于25°的地方，可以采取全面清理造林地的方式。由于项目区造林地植被盖度小，基岩裸露度大，清理时应尽量保留原有乔木和灌木，禁止炼山。整地采用穴垦并要求表土还穴，品字形配置。穴坑规格为40cm×40cm×40cm，整地时间为冬季，即造林前1~2个月。

④苗木：马尾松全部采用容器苗，造林苗木全部采用Ⅰ、Ⅱ级苗，其中Ⅰ级苗必须达到85%以上，严禁用不合格苗木造林。枫香苗采用裸根苗，并推广使用GGR6号植物生长调节剂浸根技术。

⑤栽植：设计为混交林，实行针叶树与阔叶树混交的，阔叶树的比例不小于30%。混交方式因地制宜可以为带状混交、行带状混交、行间混交、块状混交等。初植密度通常为300株/亩。栽植工作宜在1月上旬至3月上旬。应做到随起随植，造林前将苗木采用GGR6号植物生长调节剂浸根处理，打好泥浆，栽植以雨天或阴天为好。采用穴植法植苗造林，栽植时做到苗正、根舒、深栽、压实。

⑥抚育管理：生态林造林后连续抚育3年，每年锄抚1次、刀抚1次，共计抚育6次，锄抚在每年的5月进行，刀抚在9月进行。经济林在造林后的前3年，采用兜抚方式，每年抚育2次，对于坡度较小的、带垦整地的造林地，采用间作矮秆作物的方式，实行以耕

代抚。

（四）成　效

通过3年的综合治理，人工造林4258.5亩，封山育林616.5亩，案例区净增森林面积4875亩。通过项目建设，为当地剩余劳动力提供了10000余个工日的就业机会，同时通过人工造林和封山管护，增加了森林资源，减少了对植被资源的破坏，有效地遏制了项目区的水土流失，土地石漠化得到控制，生态环境明显改善。

（五）适宜推广区域

本案例适宜在湖南省以石灰岩为主的地区推广。

三、湖南凤凰岩溶地区草食畜牧业发展案例

（一）自然条件概况

该案例区位于湖南省西部边陲凤凰县，云贵高原东侧，雪峰山脉与武陵山脉之间。全县土地面积1758 km²，石灰岩面积占全县总面积的70.9%，属典型的喀斯特地貌，岩溶发育明显，溶洞、漏斗地形繁多交错，水土流失面积大，年土壤侵蚀总量达166.1t，出境泥沙达12.5万t，以致土层浅薄，岩溶地区干旱突出。全县草地石漠化面积共有233万 km²，主要分布在腊尔山、两林、禾库、米良、柳薄、吉信、麻冲、山江、千工坪、三拱桥等乡镇149个村，海拔600~1200 m，治理前因不合理的保护与利用，林草植被破坏严重，急需改良和保护。

（二）治理思路

通过退耕还林、封山育林、禁牧、人工全垦与生态饲料林等方式进行过保护与恢复，禁止野外放牧，实行圈养，促进石漠化林草植被的生态修复。特别是选择刺槐培育饲料林，因其根系发达而非常耐瘠薄，同时又具有良好的保土保水性能，能实现治理与畜牧业同步发展。

（三）主要技术措施

① 通过人工全垦、撒播优良牧草种的方式进行草地改良，有目的地建设优良牧草基地。优良牧草种主要有多年生黑麦草、三叶草等。

② 封山育草。针对岩溶土地牧草退化的实际，对草地进行封山育草，封育期间严禁放牧，落实管护人员，设置标牌等。

③ 建立生态饲料林。在草种选择上突破了草本植物治理的思维局限，大胆采用属于木本豆科固氮植物刺槐。利用石漠化坡耕地、石旮旯地等营造刺槐生态饲料林，提高单位面积饲料产量，减轻对石漠化土地的生态压力，扩大饲料来源途径。

④ 开展林下种草。针对地表覆盖率低的乔木林分，选择优良牧草进行林下种植，提高地表植被盖度，预防水土流失，同时可增加牧草数量。

⑤ 加强管理。引导农户改变传统粗放型养殖习惯，变牲畜放养为圈舍饲养，大力推广种草养畜，半牧半舍式、全舍圈养式等案例，建立严格的放牧、轮牧和休牧制度，禁止破坏性地利用草地，严格控制载畜量，确保草地合理利用和可持续发展。

（四）成 效

凤凰县自1999年以来，开展草地建设"三化"改良项目，共完成人工改良草地1047 hm²，建立生态饲料林247 hm²，项目区植被盖度提高了20个百分点。而生态饲料林的建立能有效控制水土流失，其叶、花、鲜草年产量可达1000~5000 kg/亩，载畜能力提高到0.1~0.5个黄牛单位，较好地解决了农区林牧矛盾，属我国南方首创，为喀斯特岩溶地区的生态恢复和重建带来了希望。

（五）适宜推广区域

本案例适宜在湖南湘西、湖北鄂西等岩溶山地石漠化区域推广。

四、湖南桑植苦竹坪多树种混交治理案例

（一）自然条件概况

该案例区位于桑植北部苦竹坪乡，境内山脉连绵，山高谷深。一般海拔500~1000 m，成土母岩有板页岩、石灰岩，石漠化土地交错分布，生态环境脆弱。年均气温从河谷17℃向山地递减到14℃，无霜期由240 d递减到200 d左右，年均降雨量1800 mm。

（二）治理思路

石灰岩发育的土壤透水性差，土质黏重，易板结，造林绿化属于"三难地"地段。柏木、枫香、马尾松等树种，耐干旱瘠薄，适应性广，天然更新能力强，在基岩裸露的石缝里都能生长。枫香、马尾松喜光，柏木幼龄耐庇荫，3个树种具有互补性，有利于林木生长和林分稳定。

（三）主要技术措施

① 混交案例：柏木＋马尾松＋枫香形成复层多树种混交林。

② 整地：鱼鳞坑或穴状整地。根据岩石分布不规则，裸露程度不一，采用局部鱼鳞坑整地，构成蓄水坑群，以拦蓄雨水，分散径流，减少水土流失。穴状整地规格为40 cm×40 cm×30 cm。

③ 混交比例及方式：柏木＋马尾松＋枫香混交比例为60:25:15。初植密度350株/

亩（柏木210株/亩，枫香50株/亩，马尾松90株/亩）。混交方式为小块状混交。

④苗木：选用一年生合格健壮苗木。尽量使用容器苗。

⑤栽植：明穴栽植，造林季节1~3月，栽植做到根舒、苗正、深浅适宜、不窝根。

⑥抚育管理：造林后连续抚育3年，每年2次，锄抚、刀抚相结合。对于成活率低于85%的，在第2年进行补植。划定责任区，落实管护人员，严防人畜破坏。

（四）成　效

该案例利用生态学特性和生物学原理，加大了阔叶树混交比例，提高了针叶树改良土壤和抑制病虫害的能力，既有利于保持水土，增强防护功能，又能促进针叶树快速成材，较好地解决了生态与用材的矛盾。

（五）适宜推广区域

本案例适宜在湖南省岩溶地区石漠化地区推广。

五、湖南桑植溇水流域生态经济型治理案例

（一）自然条件概况

该案例区位于桑植县官地坪镇汨湖乡境内的澧水流域一级支流溇水河沿线，以中低山地貌为主，海拔500~800m，成土母岩以石灰岩为主，土被不连续，局部土层深厚，自然条件具有垂直差异的特点，为林业发展提供了分层布局的条件。

（二）治理思路

在实现生态主体目标前提下，将生态建设和林业产业建设同步推进，精心筛选市场前景好，综合价值较高的兼用树种和乡土树种造林，遵循"生态林木经济效益化、经济林木生态产业化"的发展思路，实现石漠化治理的生态、经济效益双赢局面。

（三）主要技术措施

①造林地选择：选择在山体中下部低洼地，局部土层深厚，石漠化零星分布的地段。

②树种选择：选择适应性强，固土能力强，水土保持功能好，根系较发达，收益早，用途广的木瓜、花椒、核桃、油茶等树种。

③整地：营建好生物埂，采用带状大穴整地。整地规格为60cm×60cm×50cm或80cm×80cm×60cm。

④栽植密度：木瓜采用宽行窄株，株行距为1.5m×4m，栽植密度110株/亩；油茶、花椒株行距为2.5m×3m，栽植密度90株/亩；核桃株行距为3m×3m，栽植密度8株/亩。

⑤造林：以营养袋苗造林，种植前撕掉营养袋，栽植做到根舒、苗正、深浅适宜、不窝根。

⑥抚育管理：栽植3年内，在保持水土的提前下，宜间种花生、黄豆等矮杆作物，以耕代抚。3年以后加强松土除草、中耕浅锄、施肥、修剪整形、病虫防治等抚育管理。

（四）成 效

该案例既能保持水土，又能使农户在5~8年内获得一定的经济收益，实现生态林木经济化，经济林木生态化，集经济效益、生态效益、社会效益于一体，深受广大农户欢迎。案例区内的水土流失得到有效控制，土地石漠化得到遏制，生态环境得到明显改善。

（五）适宜推广区域

该案例适宜在湖南湘西北海拔800m以下，土壤较深厚肥沃，交通便利，雨量丰富，光热条件好的石漠化区域推广。

六、湖南桑植石漠化区域草食畜牧业发展案例

（一）自然条件概况

该案例区位于桑植县东北部边缘的白石乡境内南滩牧场，草场总面积13333hm²，可利用面积10000hm²。草场内坡度平缓，平均坡度5°左右，海拔1000~1200m，属中亚热带山地季风湿润气候，年均温度为12~14℃，年均日照1295h，年极端低温-6.4℃，年极端高温34℃，年均降雨量1500~1700mm，年无霜期210d。属中山地貌，石漠化程度较轻，分布范围广，土壤有机质丰富，腐殖质层达5~8cm，有天然牧草37科200多种，其中禾本科占50%，草场理论载畜量可达1.2万个黄牛单位，是湖南省面积最大的天然草场之一，是国家扶贫开发种草养畜示范基地之一。

（二）治理思路

通过人工种草、现有草地改良，提高草地产草量，既可减少石漠化裸露面积，增加植被覆盖率，又能确保牧场牛羊的需求，发展畜牧业；购置饲草机械，减轻农牧民的劳动强度；修建青贮窖，科学贮存青饲草，保证饲料稳定供给；加强棚圈建设，改变当地农民对牛羊的放养习惯，改野外放养为圈养，减轻牲畜对植被的破坏，从而保护植被，增加石漠化地区的植被覆盖率。

（三）主要技术措施

1. 人工种草、草地改良

在南滩牧场实施人工种草600hm²，草地改良1320.0hm²。通过种植黑麦草和三叶

草，变石漠化荒地为人工草场，既能提高石漠化地区的林草植被覆盖度，减少水土流失，同时还可以为兽牧业养殖提供放养地和鲜草饲料。

2. 青贮窖建设

在南滩牧场修建青贮窖3000 m³。池体均用实心页岩烧结砖砌筑，四周池壁砖砌240 mm厚，分隔墙用砖砌180 mm厚，用水泥砂浆粉刷外墙，地基采用砖基础，入老土深度不得小于0.5 m；池底用水泥砂浆铺设防潮地面。

3. 棚圈建设

在南滩牧场按照养殖的要求高标准地建设棚圈面积3200 m²，坐北朝南，确保冬暖夏冷，建设规格如下。

① 棚圈结构：棚圈为单列式木瓦结构，每栋150~200 m²；棚圈栏舍空间墙高2.8 m；栏舍前面采用木条隔离，并用木条制作饲料架；隔墙采用木条或砖隔离。

② 基础采用实心页岩烧结砖，入土深度不得小于0.5 m；采用木柱承重，坡屋顶，木屋架，小青瓦防水屋面，所有预埋铁制构件，均应除锈后刷防锈漆2道；所有木构件，均应刷防腐沥青2道。砌墙时用干黄土或煤渣将机制砖内灌填夯实，内外墙面用1:3水泥砂浆粉刷，防潮、保温。

③ 墙体设活动窗户，在冬季可关闭防寒，开时有利通风防暑。

④ 栏舍房顶盖机制青瓦或300 mm×400 mm红色轻质水泥瓦、石棉瓦。

⑤ 利用排水沟将牲畜的尿粪排入到二级化粪池中进行处理，处理后作为肥料施入草地，提高土壤肥力。

4. 设备购置

购置中型饲草机械4台，小型切草机50台，满足饲料加工的需要。

（四）成　效

项目建成后，人工草地按每公顷养牛2头、养羊16只；改良草地按每公顷养牛1头、养羊8只；牛按3000元/头，年出栏率50%；羊按400元/只，年出栏率50%，草食畜牧业发展年总产值达741.2万元，按70%的生产成本核算，年利润为222.36万元，效益显著。

（五）适宜推广区域

适宜在湘西、鄂西、黔东等高海拔石漠化区域推广。

七、湖南湘西封山育林人工促进天然植被恢复案例

（一）自然条件概况

湖南湘西土家族苗族自治州海拔1000 m以上，山体较大，坡面长，坡度陡，相对高差大，土层浅薄，气候复杂，降水丰富，雾多，空气湿度大；植被稀少，水土流失严重，生

态环境脆弱，经济欠发达，石漠化土地比重高，程度深。

（二）治理思路

根据立地条件状况，充分利用南方优越的水热条件、树种天然下种和萌芽能力强的特点，采取全面封禁、人工补植阔叶树等技术措施，减少造林投入，加速植被恢复，形成混交林，提高森林质量，提高森林的涵养水源、保持水土功能。

（三）主要技术措施

① 规划设计：选择适宜的乡土树种，按照建立生态公益林的要求，根据"见缝插针"的原则，采取"育针、补阔、留灌"的方法，营造块状、行状或株间混交的多种形式的复层林。

② 封禁保护：制定封育规章制度，落实护林人员和报酬，制定可行的乡规民约，树立封育标志，搞好管护工作。加强宣传管理，在封育期内，禁止采伐、砍柴、放牧、割草和其他一切不利于植物生长繁育的人为活动。定期检查，发现问题及时纠正或处理。

③ 人工促进：对封育区内的林间空地、天窗，采取人工植苗、点播的方式增加树种的密度和多样性。如树种单一的针叶林可采取补植阔叶树种的方式，如枫香、桤木、刺槐、酸枣、檫木、马尾松等。整地规格需视树种而定，一般以30 cm × 30 cm × 30 cm 为宜。对造林地上原有的和天然下种侵入的幼树进行抚育、培土等，促进其快速成林。

④ 配套措施：开展改燃、改灶节柴，提倡烧煤。在有条件的地方大力推广沼气、小水电等清洁能源，减轻农村生活用能对森林植被的压力，实现保育与人工促进同步推进。

（四）成 效

本案例投资少，见效快，效果好。采取封山育林方式，同时辅以人工促进措施，可加快植被恢复进程，形成针阔混交林。湘西土家族苗族自治州近10年来累计封山育林471.0万亩，其中已封山育林179.0万亩，目前在封面积292.0万亩。花垣县兄弟河流域自1989年以来封山育林4.2万亩，现已全部封山成林，从而使境内的森林覆盖率由34%上升到55%，昔日的荒山秃岭，如今已绿树成林，效果十分显著。

（五）适宜推广区域

该案例适宜于基岩裸露率高，土层瘠薄的丘陵、低山区，植被稀少，造林难度大，但具有天然下种或萌蘖能力和条件的疏林、灌丛、阔叶林采伐迹地以及宜林地的石漠化土地及潜在石漠化土地，主要在湖南湘西、怀化等石漠化严重区域推广应用。

八、湖南湘西中低山立体防护林体系建设案例

（一）自然条件概况

该案例区位于湖南湘西自治州海拔1000m以上，山体较大，坡面长，坡度陡，相对高差大，土层浅薄，气候复杂，降水丰富，雾多，空气湿度大，植被稀少，水土流失严重，生态环境脆弱，经济欠发达，石漠化土地比重高。

（二）治理思路

人工造林与封山育林相结合，兼顾生态和经济效益，建设水土保持林和水源涵养林。在山顶选择适生的高山树种，采用封造结合的方式建设水源涵养林；在山腰选择固土能力强的树种营造水土保持林；在山脚选择经济价值较高的适生经济、药材树种，营造高效经济林。坡面较大时，设计、布设"一坡三带"，即水源涵养林林带、水土保持林带和高效经济林带。

（三）主要技术措施

① 山顶水源涵养林：选择油松、日本落叶松、黄山松、柳杉、刺柏、光皮桦、桤木等适宜高山生长，涵养水源、保土能力强的树种，采用块状或带状方式营造混交林。一般秋冬季穴状整地，规格50cm×50cm×50cm，冬春季节造林，造林密度200~300株/亩，随起随栽，苗正根舒，适当深栽，分层填土、踏实。造林后辅以封山育林措施，以形成乔灌草复层结构，控制林分郁闭度在0.5~0.7。

② 山腰水土保持林：选择保土保水能力强、生长快的树种，如桤木、光皮桦、黄山松、油松、马褂木、马尾松等营造混交林，形成异龄复层混交林分。混交方式采用带状混交，栽植密度200~300株/亩。林带的宽度一般20m左右，两带之间的距离为50m左右。

③ 山脚高效经济林：选择以水果或木本油料、干果为主的经济林树种，如脐橙、茶叶、油茶、梨、李等，建设高效经济林。选择优良品种或种源，推广嫁接苗、营养袋苗和保水剂等新技术、新工艺，提高生产效益。

（四）成　效

本案例在湖南省中方县、沅陵县推广面积达8万多亩，年产值在1亿元以上，成效显著，既保持了水土，又成为当地群众脱贫致富的主要途径之一。

（五）适宜推广区域

本案例适宜在湖南省武陵山区、雪峰山区、幕阜山区、南岭等大山体及河流两侧的石漠化土地上推广。

九、湖南湘西高湿低温区植被恢复案例

（一）自然条件概况

该案例区位于湘西地区海拔1200~2000m、相对高差800m以上的中山地带，主要气候特点为高湿、低温，雨雾天气多；属岩溶中山地貌，土壤由石灰岩发育而成，土层浅薄，林草植被稀疏，自然恢复力差，造林成活率低，是湖南省造林绿化的困难地带。

（二）治理思路

由于案例区的气候条件恶劣，造林树种选择是成功的关键。为此，须选择合适的造林树种进行人工更新，以形成针阔混交林，提高地表植被覆盖度，增强植被涵养水源、保持水土的功能。

（三）主要技术措施

① 树种选择：以日本落叶松为主，可考虑马褂木、黄山松、华山松等在山原地貌表现良好的替代树种。

② 造林技术：保留有价值的阔叶林，沿等高线呈"品"字形穴垦整地，整地规格为50cm×50cm×40cm。日本落叶松与马褂木以8:2的比例进行带状混交。日本落叶松用二年生裸根苗，马褂木用当年生容器苗造林。立春至雨水间造林，株行距2.0m×2.5m。栽植时先汇集表土，增加定植穴土层厚度，做到苗正根舒，深栽压实。

③ 后期管护：造林当年锄抚、刀抚各1次，以后每年刀抚2次，连续抚育3年。

（四）成　效

本案例简单易行，植被恢复快，容易形成结构合理的复层混交林，生态效益显著。

（五）适宜推广区域

该案例适宜在湘、鄂、渝中山地貌的山原地带石漠化地区推广应用。

十、湖南湘西北低山、丘陵区水土保持林建设案例

（一）自然条件概况

该案例区位于湖南湘西北低山、丘陵岩溶区，年均降水量900~1400mm，成土母岩以石灰岩为主，土层厚度通常低于40cm，天然植被稀疏，树种单一，林分质量差，石漠化土地面积大，生态功能低下。该区域人口密度大，且以土家族、苗族等少数民族为主。

（二）治理思路

桤木是从四川省、重庆市引进的外来树种，对土壤要求不严，耐干燥贫瘠，酸碱度适应范围广，生长快，改良土壤能力强。大力发展桤木，营造桤木与柏木、刺槐等混交林，可促进树种、林种结构调整，提高森林涵养水源、保持水土的能力，建立起稳定的森林生态体系。

（三）主要技术措施

① 整地：整地时间为 8~9 月份。坡度 25° 以下的石漠化荒山、荒地和坡耕地，采用带状整地，带宽 0.8~1.0 m，深度 20~25 cm；坡度 25° 以上末利用地、宜林地，采用穴垦整地，种植穴规格为 60 cm × 60 cm × 50 cm，表土回填为龟背形。

② 栽植：造林时间为当年 12 月至翌年 2 月中旬。在土层较深厚、肥沃的地段营造薪炭林时，密度 400~500 株/亩；营造用材林，110~220 株/亩。栽植时选择阴雨或细雨天，当天起苗，当天栽植，未植完苗木应于隐蔽处存放或假植。苗木选择生长健壮，无病虫害，无机械损伤，根系完好的一、二年生实生苗，苗高 80~100 cm，地径 0.8~1.0 cm，要求栽实、踏紧、根舒、苗正。在当风的山脊、山洼、风口要适当深栽；土壤贫瘠的"三难地"应适当带土移栽，以提高成活率。

③ 营造混交林：在基岩裸露、土层瘠薄的"三难地"上造林时，可选择桤木与柏木、刺槐实行小块状或行间混交，以形成复层林冠，桤木给柏木蔽荫，且根系具有根瘤，可以提高土壤肥力，促进柏木生长。桤木与柏木混交，行间距 2.5 m，180~200 株/亩；桤木与刺槐混交，行间距 2.0 m，种植密度 150~180 株/亩。桤木作为伴生树种，8~12 年便可采伐用作坑木或造纸材。

④ 抚育管理：桤木造林后前 3 年应加强抚育，每年夏、秋各抚育 1 次，即每年 4 月初至 5 月中旬进行第 1 次抚育，培兜、扩穴、松土，将树四周杂草铲除培兜，有条件的施复合肥或磷肥 0.25 kg/穴；第 2 次抚育时间在 9~10 月份，主要是清除杂草。桤木薪炭林，栽植密度一般较大，可采用平茬方法，使其大量萌芽，增加薪材产量。

（四）成　效

本案例技术简单，容易操作，能尽快恢复植被，达到较好的绿化效果，并能解决群众的烧柴等问题，同时能促进林种、树种结构的调整，还具有较高的生态效益。花垣县林业科学研究所的调查资料表明，19 年生桤木林的最大株胸径为 35.4 cm，树高 28.5 m；11 年生桤木的平均胸径为 14 cm，高 9.5 m，完全适合岩溶生态环境。

（五）适宜推广区域

该案例适宜在湘西北低海拔山坡、山谷推广应用，但忌风大、有雪害的地段栽植。

十一、湖南新邵渔溪河流域柏木防护型治理案例

（一）自然条件概况

该案例区位于雪峰山脉东侧新邵县西部渔溪河流域，总面积 6144.9 hm²。最高海拔 1036 m，中亚热带季风湿润气候区，年降水量 1375 mm，年平均气温 17.1℃，成土母岩为

石灰岩、板页岩，主要发育成石灰性土。植被遭受严重破坏，群落结构简单，岩溶地貌发育强烈，基岩裸露程度大，石漠化现象严重，年均侵蚀模数 4500t/（km² · a）。

（二）治理思路

柏木、枫香是适宜岩溶地区生长的造林树种，喜温暖多雨气候及石灰岩土和钙质土，耐干旱瘠薄，稍耐水湿，浅根性，对土壤适应性广，均为我国长江流域及以南地区的困难地区的先锋造林树种。柏木为常绿乔木，枫香为落叶乔木，可形成针阔、常绿与落叶混交林。

（三）主要技术措施

① 造林地选择：基岩裸露率较高，石漠化程度较深，土壤瘠薄的石灰岩地区。

② 整地：尽量不破坏原生植被，采取"见缝插针"方式穴垦整地，整地规格一般为 40cm×40cm×40cm，挖穴时将心土层翻出，表土入穴，按 0.2kg/穴施磷肥，并捶紧压实。

③ 苗木选择：采用一年生的Ⅰ、Ⅱ级健壮苗木，具体为湖南省种苗站供种的墨西哥柏种子培育的健壮苗木。

④ 植苗造林：柏木与枫香按 7:3 的比例混交，造林季节可选在 3~4 月或 10~11 月多雨时期，栽植时清除穴内石块、打碎土块、回填表土、扶正苗木、压紧踏实、稍覆松土，覆土以超过苗木根际为宜，要求做到根舒、苗正、深浅适宜，切忌窝根。栽植密度，株行距 1.3m×1.5m 或 1.5m×1.5m，初植密度为 300~350 株/亩。

⑤ 抚育管理：对于成活率低于 85% 或幼树分布不均匀地段在第 2 年进行补植；抚育当年开始，本着"除早、除小、除了"的原则连续抚育 3 年，每年 1~2 次，刀抚、锄抚相结合，块状抚育，尽量保留株行间的灌木、草本，避免因抚育不当而造成新的水土流失。

⑥ 配套措施：积极发展农田水利建设和常规能源建设，开展节能工作，减轻居民生活用能对植被的压力。

（四）成　效

通过 3 年的综合治理，建设 40m³ 水泥浇灌沼气池 825 口，节柴灶 945 户，太阳能热水器 294 台。农户通过使用沼气、电、煤、太阳能，大大降低了对植被资源的破坏。案例区净增森林面积 5000 亩，水土流失得到了彻底治理，土地石漠化得到了有效控制，生态环境明显改善。

（五）适宜推广区域

本案例适宜在湘中石灰岩发育的碱性石灰土区域推广。

十二、湖南新邵石马江流域光皮树生态经济型治理案例

（一）自然条件概况

该案例区位于雪峰山脉东侧新邵县东部石马江流域，总面积4146.6 hm²。属中亚热带季风湿润气候，年降水量1485 mm，年平均气温17.6℃，成土母岩主要为石灰岩，最高海拔1043 m，发育成石灰性土。植被遭受严重破坏，群落结构简单，岩溶地貌发育强烈，基岩裸露程度大，石漠化现象严重，年均侵蚀模数4500 t/（km²·a）。

（二）治理思路

光皮树是适应岩溶地区的造林树种，喜温暖多雨气候及石灰岩土和钙质土，深根性，萌芽力强，对土壤适应性广，阔叶乔木，高产木本油料树种，垂直分布在海拔1000 m以下，是我国长江流域及西南各石灰岩地区的主要造林树种。光皮树又是一种理想的多用途油料树种，作为重要的生物柴油原料已受到社会各界的广泛关注。栽植光皮树能实现国家要"被子"（植被），林农要"票子"的双赢目标。

（三）主要技术措施

① 造林地选择：选择向阳的山窝山脚、土层深厚、排水良好、肥沃而湿润的酸性土壤，以轻、中度石漠化土地为主。

② 整地：采用"见缝插针"式的穴垦整地，尽量不破坏原生植被，整地规格一般为50 cm×50 cm×40 cm，挖穴时将心土层翻出，表土入穴，每穴施钙镁磷肥0.5 kg。

③ 苗木选择：选用一年生的Ⅰ、Ⅱ级健壮苗木，起苗后要防止风吹日晒。

④ 植苗造林：明穴栽植，造林季节可选在3~4月或10~11月多雨时期，栽植时清除穴内石块、打碎土块、回填表土、扶正苗木、压紧踏实、稍覆松土，覆土以超过苗木根际为宜，要求做到根舒、苗正、深浅适宜，切忌窝根。栽植密度130~150株/亩，株行距2 m×2 m或2 m×3 m。

⑤ 抚育管理：对于成活率低于85%或幼树分布不均匀的地段，应在第2年进行补植，还要结合中耕除草逐年扩大穴盘，垦复树盘。本着"除早、除小、除了"的原则连续抚育3年，刀抚、锄抚相结合。由于光皮树萌芽力强，必须及时修剪，以提高通风透光和结实性能，每个主枝留2~3个侧枝，对于当年采果的枝条可进行重截，以增加次年新枝，即增加第3年结果枝从而达到增产的目的。

（四）成 效

案例区净增森林面积1000亩，土地石漠化得到了有效控制，案例区内的水土流失得到彻底治理，生态环境明显改善。嫁接苗造林3~4年挂果、实生苗造林6~8年挂果，在发挥生态、防护效益的同时，为林农提供了稳定的收益渠道，深受林农喜爱。

（五）适宜推广区域

本案例适宜在湖南中度石漠化以下、海拔1000m以下的山区推广。

十三、湖南安化油茶造林治理案例

（一）自然条件概况

该案例区位于安化县西北部的潺溪流域，土地面积1500.6hm²，属雪峰山山系，地貌为低山，母岩为石灰岩，土壤主要为红壤和山地黄壤，石漠化程度较轻，以块状分布为主。属亚热带湿润季风气候，具有气候温暖、四季分明的特点，是全省的多雨、暴雨、低温中心之一，年均气温16.2℃，极端最高气温41.8℃，极端最低气温-11.3℃，全年无霜期274d，年降水量1687.7mm，年均相对湿度81%。

（二）治理思路

油茶树属山茶科山茶属，常绿小乔木，属喜阳植物，适应性强、根系发达，不但能够快速恢复植被、保持水土，改善生态环境，还可实现生态效益与经济效益的紧密结合。

（三）主要技术措施

① 造林地：选择土层深厚、排水良好、土壤肥沃的红壤、黄壤或黄棕壤，最好pH在4.5~6.5之间的缓坡中下部的阳坡、半阳坡的轻度石漠化土地。

② 整地：在造林前的秋季，将造林地内的杂草、灌丛全部平地砍倒并清理干净；整地方式采取水平梯级和穴垦整地方式。坡度小于15°缓坡采用水平梯级整地，陡坡地段采用穴垦整地，上挖下填，削高填低，大弯顺势，小弯取直。整地规格为60cm×60cm×60cm。整地要求表土还穴，陡坡地段还沿等高线每隔4~5行开挖一条拦水沟（竹节沟），沟底宽30cm以上、深30cm以上，初植密度为80~110株/亩。

③ 苗木：选择通过国家或省级良种审定的油茶优良新品种湘林系列。

④ 栽植：造林一般在11月下旬至翌年3月上旬进行。栽植时要做到苗正、根舒、土实，深浅要适当，实生苗深栽至原土痕上3cm左右（即两指深），嫁接苗要使嫁接口与地面平，踩紧、压实。起苗时保护好根系，长途调运的苗木须打泥浆，切忌风吹日晒。用二年生苗造林，应适当修剪部分侧枝、叶片。

⑤ 抚育管理：造林后3~5年，每年抚育1~2次，铲草不能全铲，只需要围绕树兜铲一圈。对于死亡的空缺穴，在造林季节可采用同品种类型的I级或二年生大苗进行补植。

（四）成　效

本案例是石漠化山区生态环境治理、群众脱贫致富、发展经济的一条良好途径，具有较好的生态效益、经济效益和社会效益，深受广大群众的欢迎。

（五）适宜推广区域

本案例适宜在湖南湘中石灰岩发育的岩溶山地区酸性土中推广。

十四、湖南隆回金银花灌藤生态治理案例

（一）自然条件概况

该案例区位于湖南省隆回县北部高海拔山区，涉及小沙江、虎形山、麻塘山、大水田、金石桥、司门前、白马山、望云山、大东山等乡（镇、场）。成土母岩为石灰岩、白云岩等碳酸岩类，基岩裸露较高，石漠化以中度、重度石漠化为主，生态环境极为恶劣；土壤为红壤或石灰土，土层瘠薄。属中亚热带季风湿润气候，年均气温14.1℃，最冷月均气温0.8℃，最热月均气温25.6℃，年均降雨量1622.9mm，年日照时数1196.2h。

（二）治理思路

金银花属藤本植物，除能绿化和减少水土流失外，金银花还是一种中药材，市场前景良好，与灌木树种混交，能充分利用光热条件，快速实现地表覆盖，具有较好的生态效益，还兼顾到经济与社会效益。结合当地产业结构调整，可发展成优势产业。

（三）主要技术措施

① 树种选择：金银花选择有花质优、花蕾齐、产量高、抗病性强的灰毛毡忍冬、红腺忍冬、忍冬和山银花等优良品种或种源。灌木树种选择岩溶山地适生性强的车桑子、紫穗槐等。

② 种植技术：金银花密度约50株/亩，紫穗槐（车桑子）密度100株/亩，按土被分布情况配置植株，形成金银花与车桑子、紫穗槐的乔灌混交林；整地时尽量保留原有植被，采用鱼鳞坑整地或反坡梯整地，种植穴的两侧设引水沟或集水面，贮蓄水资源；造林后第2年可进行穴状抚育，实行封禁，加快植被修复。

③ 后期管护：对金银花与灌木树种植株进行合理剪枝与采伐，改善通风采光条件；规范采花时间；开展测土施肥，合理调控氮、磷、钾含量，推广农家肥与化肥相结合；同时定期开展松土、除草，改善土壤结构。

（四）成　效

本案例具有郁闭快，水保功能强、生态功能稳定的特点，另外金银花是中药材，可增加农民收入，有利于农村的产业结构调整；灌木树种萌芽能力强，能解决农村薪材短缺问题。

（五）适宜推广区域

本案例适宜在湖南、贵州等高海拔地区石漠化土地中推广应用。

十五、湖南隆回金银花为主的生态经济型治理案例

（一）自然条件概况

该案例区位于湘中隆回县北部高海拔岩溶山区，海拔高800～1600m，年均气温11℃，大于10℃的年活动积温3127.8h，年日照时数1084h，无霜期206d，生态环境脆弱，石漠化坡耕地比重高，水土流失严重。

（二）治理思路

金银花是木质藤本植物，冠幅大，根系发达且盘绕，固土能力强，是一种名贵中药材，具有较高的经济和药用价值。在采取坡改梯或营造生物埂的前提下，对坡度25°以上及水土流失严重的坡耕地，大力实施以金银花林药栽植方式为主的退耕还林工程建设，既能保持水土，又能帮助农民迅速脱贫致富，是石漠化区域退耕还林中重点推广的案例。

（三）主要技术措施

三木（厚朴、黄柏、杜仲）＋两花（金银花、雪花皮）＋草本药材（牛膝、白术）生态经济型立体栽植案例。厚朴、黄柏、杜仲是名贵的中药材，雪花皮是丛状灌木，都具有较好的保持水土、涵养水源的能力，牛膝、白术是较好的草本药材，经济价值高，种植得当，既能提高覆盖度，又能增产增收，达到长短结合，综合平衡的效果。退耕3年后，金银花、雪花皮形成篱笆状，防护效益、经济效益兼具，不再间种草本药材，实行封禁，让草本植物郁闭，继续形成乔—灌—草立体结构模型；沿等高线作梯，梯宽3～5m，中间栽植厚朴（黄柏、杜仲），密度为50株/亩，林下种植牛膝、白术等草本药材；梯边栽植金银花（雪花皮）锁边，密度为150株/亩。

果木林（苹果、梨、桃）、金银花高效经济型栽植案例。苹果、梨、桃等果木林在高海拔山区特殊气候条件下，季节推迟，果质特别，具有良好的经济价值；沿等高线作梯，梯宽3～5m，中间栽植苹果（梨、桃），密度为50株/亩；梯边栽植金银花锁边，密度为150株/亩。

（四）成 效

该案例经营操作简便，较好地解决了农、林矛盾，见效快，经济效益和生态效益能得到充分发挥，效益好，群众容易接受，是高寒山区一种主要治理案例。建成1000亩以上的生产基地13处、100亩以上的生产基地319处，全县金银花栽培面积达16万多亩，金银花干花年产量达1000万kg，隆回县被誉为"中国金银花之乡"，金银花产业成为农村的

重要经济来源。

（五）适宜推广区域

该案例适宜在湘中地区金银花、厚朴生长的石漠化地区推广。

第七节　湖南省石漠化造林模式

中南林业科技大学蒋伟（2012）在《湘中岩溶石漠化生态治理造林模式研究 —— 以新邵、隆回模式为例》设计适合新邵、隆回的六种造林模式。

一、隆回中南部金银花（林药）造林模式

（一）立地条件特征

模式区位于隆回县中部、南部的岩溶地区，主要为丘陵区。

（二）治理技术思路

金银花是一种名贵的中药材，又是木质藤本植物，它的根系发达而且盘绕，固土能力非常强，冠幅大，具有优良的生态学特性，具有高的药用、经济价值。随着隆回县"金银花南扩工程"的持续推进，在隆回县的南部岩溶丘陵区种植金银花的模式已经取得巨大的成功，合理的配置树种，生态优先的同时兼顾经济效益，在采取了坡改梯或者营造生物埂的前提下，对水土流失比较严重的坡耕地，建立生态经济型产业资源基地，大力度的实施以金银花林药栽植方式为主的造林工程，起到了涵养水土和帮助农民迅速脱贫致富良好效应。

（三）主要技术措施

①造林地选择：土层较厚，交通便利的石灰岩地区。

② 整地：有条件的梯土整地，梯宽3~5m，栽植穴规格一般为40cm×40cm×40cm，挖穴时将心土层翻出，表土入穴。

③苗木选择：最好用无菌组培苗，受条件限制选用健壮嫁接苗、扦插苗。

④ 植苗造林：金银花搭配果木林（枣、柿、桃）混交造林。枣、柿、桃等果木林在石灰岩地区特殊气候条件下，具有较好的经济价值。造林季节可选择春季造林，清除穴内杂物、打碎土块、回填表土、扶正苗木、压紧踏实、稍覆松土，覆土超过苗木根际为适，要求做到根舒、苗正、深浅适宜，切忌窝根。

⑤ 栽植密度：中间栽植枣（柿、桃），密度为50~90株/亩；梯边栽植金银花锁边，密度为150~200株/亩。

⑥抚育管理：对于幼树死亡地段在第2年进行补植，抚育当年开始，块状抚育，逐年

扩穴,尽量保留株行间的灌木、草本,避免因抚育不当而造成新的水土流失。未成林前也可以进行林粮间作,增加林地覆盖度,减少水土流失。

⑦ 配套措施:积极发展金银花产业开发,增加水果市场流通能力。

二、湘中隆回荷香桥镇石山柏木造林模式

(一)立地条件特征

模式区位于隆回县南部石灰岩地区荷香桥镇。区内海拔多在300~400m,年均气温16.9℃,年均降水1293mm,主要土壤为石灰岩风化形成的红壤、黄红壤,土层瘠薄、岩石裸露率高,保水性差、易板结,易干旱,水土流失也比较严重。区内总人口5.5万人,人均耕地面积1.1亩,人均纯收入1260元。

(二)治理技术思路

石灰岩石漠化山地是农民脱贫致富的巨大阻碍,也是造林比较难啃的骨头。为了充分的开发利用石山,变荒漠地为有用地,隆回县组织了专门的技术人员从裸根苗和容器苗的培育、树种选择、整地、管护等多方面科学探索,摸索出了适和石灰岩石漠化山地造林模式的最优方案。柏木是适宜宕溶地区的造林树种,喜温暖多雨气候及石灰岩土和钙质土,耐干旱瘠薄,稍耐水湿,浅根性,对土壤适应性广,常绿乔木,是我国长江流域及以南地区的主要造林树种。

(三)主要技术措施

① 造林地选择:石漠化程度高,土壤瘠薄的石灰岩地区。

② 整地:尽量保留原有植被不被破坏,不全面砍山、不炼山,采用块状鱼鳞坑或大穴整地,充分利用造林地植被,减少土壤水分丧失。在坡度陡的地方还需造生物梗以减少水土流失,起到保水保肥的作用。整地的规格随着苗木规格的增大而增大,一般的容器苗采用40cm×40cm×40cm,一年生的生态林裸根苗采用整地规格为50cm×50cm×50cm,二年生的大苗和经济林采用70cm×70cm×60cm的整地规格。对于条件受限的石缝间等狭小地段以深挖为主,对土层浅薄地段只需挖至岩石层为止。整地的时间以伏天为宜。

③ 苗木选择:可以使用容器苗、一年生Ⅰ~Ⅱ级健壮苗木、二年生大苗(二年生柏木苗侧根发达,起苗时易伤根而影响成活率)。根据石山土壤情况,在土层相对较厚,并能保持相当水量的地方采用裸根苗;在土层较薄,保水量少的地方,采用容器苗。

④ 植苗造林:土层瘠薄(20~40cm)地段选择柏木为主要造林树种,混交阔叶树种主要有刺楸、枫香、光皮树、山牡荆、刺槐等。树种配置主要采用柏木阔叶树带状混交方式,混交比例为8:2~7:3。

土层厚度中等(40~80cm)地段可供选择的树种有南酸枣、枫香、山牡荆、刺楸、重

阳木、刺槐、柏木、枣子、光皮树等，树种配置生态林主要采用阔叶树柏木类带状的混交方式，混交比例为8:2~7:3。

土层较厚（大于80cm）地段造林可选择柏木、湿地松、桤木、柑橘、脐橙、柿子等，树种配置生态林主要采用柏木类阔叶树或湿地松阔叶树带状混交方式，混交比例为8:2~7:3。

栽植时间要选择雨后晴天或阴天，造林季节应在"立春"到"雨水"为好。对枝繁叶茂的柏木苗可疏去枝叶的2/3，对湿地松苗木需要深栽，栽入的深度需在苗高的一半以上，以减少蒸发，提高成活率。容器苗的栽植，适宜栽植时间一般为2~3月份，适宜栽植的苗木高度为10~15cm。宜采用专业队伍造林，先培训，后上山，确保栽植质量。

⑤ 造林密度：一般应适当密植，以提早覆盖，减少水土流失。

柏类苗木的造林密度为300~440株/亩，株行距为150cm×150cm或株行距为150cm×100cm。

湿地松造林密度为120株/亩，株行距250cm×220cm。

枣子、柑橘、脐橙的造林密度为60株/亩，株行距为330cm×330cm。

柿子、桃（或李）造林密度为100株/亩，株行距为330cm×200cm。。

⑥ 抚育管理：由于石漠化地区普遍比较干燥、酷热如果抚育方法不正确反而会造成苗木灼伤，甚至死亡，因此其抚育也与平常的抚育稍有不同。

抚育时间：前3年每年兜抚2次。第1次是每年的5~6月进行，第2次是每年的8~9月进行。3年后每年刀抚1次。

抚育方法：兜抚时只要对树兜周围一尺范围内除草，不要翻动土层，一尺以外的翻土深约15~25cm，除草以后将草在树兜周围用土进行掩埋，然后再对树苗培土，可以起到保肥保水的效果。刀抚是指对树兜周围的杂草进行割除，消除掉杂草对林木水肥的争夺。管护也是造林成功的关键环节之一。俗话说"三分造，七分管"，过去造林往往是只重造不重管，结果是年年造林不见林，造成了恶性循环，也严重地影响了林农的造林积极性。具体办法，大力宣传石漠化造林的重大意义，制定严格的管理措施，严禁人为破坏损毁苗木、严禁牲畜为害、严禁山火，有专人管护。对于成活率低于或幼树死亡不均匀地段在第2年进行补植。

⑦ 配套措施：积极发展农田水利建设和常规能源建设，开展节能工作，减轻居民生活用能对植被的压力。

三、新邵石马江流域翅荚木造林模式

（一）自然条件概况

模式位于雪峰山脉东侧新邵县东部石马江流域，总面积4146.4hm²。最高海拔

1043 m，中亚热带季风湿润气候区，年降水量 1485 mm，年平均气温 17.1℃，成土母岩为石灰岩、板页岩，主要发育成石灰性土。植被遭受严重破坏，群落结构简单，喀斯特地貌发育强烈，岩石裸露程度大，石漠化现象严重，年均侵蚀模数 3500 t/（km²·a）。

（二）治理技术思路

翅荚木是落叶乔木阳性树种，根系特别发达，适应能力较强，是一种很有价值的优良木材，对土壤适应性广，宜在石灰岩土和钙质土上生长。

（三）主要技术措施

① 造林地选择：造林地的海拔不超过 500 m，选择不当风的向阳、土层深厚、排水良好、肥沃而湿润的土壤。

② 整地：采用见缝插针式的穴垦整地，尽量不破坏原生植被，整地规格一般为 40 cm×40 cm×40 cm，挖穴时将心土层翻出，表土入穴，每穴施钙镁磷肥 0.5 kg，待其陷实才可栽植。

③ 苗木选择：一般用一年生的 Ⅰ～Ⅱ 级健壮苗木，早春苗木萌动前选择阴天或小雨起苗种植，起苗后要防止风吹日晒。

④ 植苗造林：与马尾松按 7∶3 的比例进行混交、明穴栽植，造林季节可选在 12 月至次年 3 月，栽植时清除穴内杂物、打碎土块、回填表土、扶正苗木、压紧踏实、稍覆松土，覆土超过苗木根际为适，要求做到根舒、苗正、深浅适宜，切忌窝根。

⑤ 栽植密度：株行距 2 m×2 m 或 2 m×3 m，造林密度为 130~150 株/亩。

⑥ 抚育管理：对于成活率低于或幼树死亡不均匀地段应在第 2 年进行补植，本着"除早、除小、除了"的原则连续抚育 3 年，刀、锄抚相结合。由于翅荚木萌芽力强，需要及时修剪。

⑦ 配套措施：积极发展农田水利建设和常规能源建设，开展节能工作，减轻居民生活用能对植被的压力。

四、新邵渔溪河流域栾树造林模式

（一）自然条件概况

模式位于雪峰山脉东侧新邵县西部渔溪河流域，总面积 3741.3 hm²。最高海拔 1093 m，中亚热带季风湿润气候区，年降水量 1380 mm，年平均气温 17.5℃，成土母岩为石灰岩、板页岩，主要发育成石灰性土。植被遭受严重破坏，群落结构简单，喀斯特地貌发育强烈，岩石裸露程度大，石漠化现象严重，年均侵蚀模数 2000 t/（km²·a）。

（二）治理技术思路

栾树是一种阳性树种，喜光、稍耐半阴；耐寒、耐干旱和瘠薄，深根性，萌蘖力强，适生性广，对土壤要求不严，在微酸及碱性土壤上都能生长，较喜欢生长于石灰质土壤中，是适宜岩溶地区的造林树种。

（三）主要技术措施

① 造林地选择：选择不当风的向阳、土层深厚、排水良好、肥沃而湿润的土壤。

② 整地：整地时尽量不破坏原生植被，宜见缝插针穴垦整地，规格一般为40cm×40cm×40cm，挖穴时将心土层翻出，表土入穴，按每穴0.4kg施氮肥，并捶紧压实。

③ 苗木选择：一般用一年生的Ⅰ～Ⅱ级健壮苗木，早春苗木萌动前选择阴天或小雨起苗种植，起苗后要防止风吹日晒。

④ 植苗造林：明穴栽植，造林季节可选在12月至次年3月，栽植时清除穴内杂物、打碎土块、回填表土、扶正苗木、压紧踏实、稍覆松土，覆土超过苗木根际为适，要求做到根舒、苗正、深浅适宜，切忌窝根。

⑤ 栽植密度：株行距2m×2m或2m×2m，造林密度为130~150株/亩。

⑥ 抚育管理：对于成活率低于或幼树死亡不均匀地段应在第2年进行补植抚育当年开始，木着"除早、除小、除了"的原则连续抚育3年，每年1~2次刀抚、锄抚相结合，块状抚育尽量保留株行间的灌木、草本，避免因抚育不当而造成新的水土流失。

⑦ 配套措施：积极发展农田水利建设和常规能源建设，开展节能工作，减轻居民生活用能对植被的压力。

五、新邵石马江流域光皮树造林模式

（一）自然条件概况

模式位于雪峰山脉东侧新邵县东部石马江流域，总面积4146.6hm²。最高海拔1043m，中亚热带季风湿润气候区，年降水量1485mm，年平均气温17.6℃，成土母岩为石灰岩、板页岩，主要发育成石灰性土。植被遭受严重破坏，群落结构简单，喀斯特地貌发育强烈，岩石裸露程度大，石漠化现象严重，年均侵蚀模数3500t/（km²·a）。

（二）治理技术思路

光皮树是适宜岩溶地区的造林树种，喜温暖多雨气候及石灰岩土和钙质土，深根性，萌芽力强，对土壤适应性广，阔叶乔木，高产木本油料树种，垂直分布在海拔1000m以下，是我国长江流域及西南各石灰岩地区的主要造林树种。

（三）主要技术措施

① 造林地选择：选择向阳的山窝山脚，土层深、排水良好、肥沃而湿润的酸性土壤，中度石漠化地区。

② 整地：采用见缝插针式的穴垦整地，尽量不破坏原生植被，整地规格一般为50cm×50cm×40cm，挖穴时将心土层翻出，表土入穴，每穴施钙镁磷肥0.5kg，待其陷实才可栽植。

③ 苗木选择：一般用一年生的Ⅰ~Ⅱ级健壮苗木，早春苗木萌动前选择阴天或小雨起苗种植，起苗后要防止风吹日晒。

④ 植苗造林：明穴栽植，造林季节可选在3~4月或10~11月多雨时期，栽植时清除穴内杂物、打碎土块、回填表土、扶正苗木、压紧踏实、稍覆松土，覆土超过苗木根际为适，要求做到根舒、苗正、深浅适宜，切忌窝根。

⑤ 栽植密度：株行距2m×2m或2m×3m，造林密度为130~150株/亩。

⑥ 抚育管理：对于成活率低于85%或幼树死亡不均匀地段应在第2年进行补植，还要结合中耕除草逐年扩大穴盘，并垦复树盘，本着"除早、除小、除了"的原则连续抚育3年，刀、锄抚相结合。由于光皮树萌芽力强，必须及时修剪，以提高通风透光和结实性能，每个主枝留个2~3侧枝，对于当年采果的枝条可进行重截，以增加次年新枝，即增加第3年结果枝从而实现增产的目的。

⑦ 配套措施：积极发展农田水利建设和常规能源建设，开展节能工作，减轻居民生活用能对植被的压力。

六、新邵渔溪河流域柏木造林模式

（一）自然条件概况

模式位于雪峰山脉东侧新邵县西部渔溪河流域，总面积6144.9hm²。最高海拔1036m，中亚热带季风湿润气候区，年降水量1375mm，年平均气温17.1℃，成土母岩为石灰岩、板页岩，主要发育成石灰性土。植被遭受严重破坏，群落结构简单，喀斯特地貌发育强烈，岩石裸露程度大，石漠化现象严重，年均侵蚀模数4500t/（km²·a）。

（二）治理技术思路

柏木是适宜岩溶地区的造林树种，喜温暖多雨气候及石灰岩土和钙质土，耐干旱瘠薄，稍耐水湿，浅根性，对土壤适应性广，常绿乔木，是我国长江流域及以南地区的主要造林树种。

（三）主要技术措施

① 造林地选择：石漠化程度高，土壤瘠薄的石灰岩地区。

② 整地：整地时尽量不破坏原生植被，见缝插针穴垦整地，规格一般为40cm×40cm×40cm，挖穴时将心土层翻出，表土入穴，按每穴0.2kg施磷肥，并捶紧压实。

③ 苗木选择：一般用一年生的Ⅰ～Ⅱ级健壮苗木，新邵县采用省种苗站供种的墨西哥柏木种子培育的苗木。

④ 植苗造林：柏木与枫香按7：3的比例混交，明穴栽植，造林季节可选在3~4月或10~11月多雨时期，栽植时清除穴内杂物、打碎土块、回填表土、扶正苗木、压紧踏实、稍覆松土，覆土超过苗木根际为适，要求做到根舒、苗正、深浅适宜，切忌窝根。

⑤ 栽植密度：株行距1.3m×1.5m或1.5m×1.5m，造林密度为300~350株/亩。

⑥ 抚育管理：对于成活率低于85%或幼树死亡不均匀地段在第2年进行补植，抚育当年开始，本着"除早、除小、除了"的原则连续抚育3年，每年1~2次，刀抚、锄抚相结合，块状抚育尽量保留株行间的灌木、草本，避免因抚育不当而造成新的水土流失。

⑦ 配套措施：积极发展农田水利建设和常规能源建设，开展节能工作，减轻居民生活用能对植被的压力。

第八章 湖南岩溶石漠化治理展望

第一节 防治对策

一、突出以林草植被恢复为主的防治思想，加大封山育林与管护力度

针对石漠化区域缺土少水，林草植被缺乏的实际，石漠化土地治理过程中必须贯彻以林草植被建设为主的防治战略，把封山育林、人工造林、种草、森林抚育等生态措施恢复林草植被放在优先位置，保障石漠化综合治理工程中林草植被建设的任务量与投资比重。启动石漠化综合治理成果巩固工程，将治理后的林草植被纳入森林、草地生态效益补偿范畴，强化对治理成果的保护与巩固。依照法律法规，加大执法力度，严厉打击和查处乱砍滥伐、过度樵采、过度放牧、毁林毁草开荒等破坏植被的违法行为，保护石漠化地区现存的森林植被。对坡度大于25°的坡耕地，采取植树造林、退耕还林、封山育林育草等多种措施，加强林草植被的重建，并推行见缝插针式的补植、补造，提高石漠化地区林草植被覆盖度。构建稳定的岩溶生态系统，为开展基本农田建设、水源水利工程建设、草食畜牧业与生态旅游等绿色经济发展提供良好生态支撑，为实现"山、水、林、田、湖"综合治理提供生态基础，使构建岩溶地区全面小康社会和可持续发展成为可能。

二、优化产业结构，发展特色产业，促进农民增收

湖南省石漠化地区农业发展的内部结构较单一，与石漠化地区为农业发展提供的自然资源结构及有利条件相悖，不仅制约了农业产量，也对生态环境造成了破坏。遵循自然规律与经济规律，因地制宜地发展农、林、牧、副、渔业，提高农业产出量，增加当地的经济收入，保护脆弱的生态环境。首先，根据当地自然条件的实际情况，利用优势资源，建立"林—粮"复合生态类型。改种经济价值高的农作物、经济作物、经果林、中药材等，大力发展特色农业、林果、林药、草畜、生态衍生产业等。在难以治理的土地建设生态林，杜绝人类活动，以涵养水源、保持水土；在地力一般的地区种植经济果树，并充分利用空间结构，搭配种植农作物；在地力较好的地区，实施科技兴农，推广先进适用技术，发展高效种植农业。

三、开展石漠化特色生态旅游，巩固石漠化治理成果

岩溶地区石漠化及其治理景观可以作为旅游资源开展特色生态旅游。石漠化及其治理景观是在自然因素和人类活动的共同作用下，形成的潜在石漠化景观、轻度石漠化景

观、中度石漠化景观、重度石漠化景观、极重度石漠化景观和治理石漠化形成的森林、草地、坡改梯、庭院经济循环模式等工程治理景观。在石漠化综合治理过程中，应充分发挥这些景观资源的作用，利用政策的利好优势，大力推进湖南省石漠公园的申报和建设。在2016年湖南省安化云台山成功申报全国第一家国家石漠公园后，湖南省下达了开展国家石漠公园试点的通知，截至2016年底，全省有39个县级单位提出申报国家石漠公园。大力发展石漠公园，从而使治理的景观价值成功转化为循环经济，可提高当地居民的经济收入，巩固石漠化治理成果，带动当地经济持续稳定发展。

四、多方筹措资金，拓宽石漠化治理投资渠道

遵循"整合渠道、盘活存量、用好增量""中央投资为主，地方配套、社会投资为辅"的投融资思路，增加中央生态预算内投资与石漠化专项工程投资，整合岩溶地区工程项目建设资金，加大石漠化区域中央财政均衡性财政转移支付力度；同时鼓励农民合作社、家庭农场（林场）、专业大户等社会资金参与工程治理；按照生态环境保护"谁保护谁受益，谁损害谁赔偿"原则，探索以流域为单元、受益主体补偿石漠化治理主体的长效回馈补偿与扶持机制和资源开采基金等，解决石漠化地区治理水土流失、恢复生态环境过程中资金短缺问题，拓宽石漠化治理投资渠道。

五、完善工程管理与运行机制，提高工程管理水平

全面总结与分析石漠化综合治理工程管理与运行方面的经验与问题，以2016年制订的《岩溶地区石漠化综合治理工程管理办法》为基础，继续完善和发展该办法，进一步明确职责，规范工程管理；巩固现有省级联席会议协调机制下，设立省级石漠化防治委员会及办公室，理顺管理体制，继续推进地方政府目标责任制，明确各级发改、林业、水利、农业等部门的职责；构建产权清晰的合法流转机制和后续管理机制，保障石漠化治理者权益；以行业现有规程规范与技术标准为基础，充分考虑石漠化土地及工程的特殊性、复杂性，单独制订石漠化工程治理规划设计、工程管理、检查验收等相关技术标准与规范；健全执法队伍，将石漠化地区生态建设与保护纳入法制化轨道；在建设程序上对点多、面广、单项工程投资小和农民可投工投劳直接受益的项目，建议不再实行招投标制，但需要完善相应的监督管理机制。

第二节　治理建议

一、制定《湖南省石漠化防治条例》

石漠化和荒漠化、水土流失并称为中国的三大生态危害，但与其他两项危害相比，

专门针对防治石漠化方面的法律法规在湖南省还是空白。湖南省应制定《湖南省石漠化防治条例》，使石漠化治理纳入法制轨道，明确治理的法定地位、法律责任、责任主体和资金渠道，逐步构筑一个比较完善的防治石漠化法律体系，把防治石漠化从水土保持法和防治荒漠化法律中凸显出来。

二、全面启动湖南省石漠化综合治理工程

根据监测结果，石漠化综合治理工程在促进石漠化土地转化为潜在石漠化土地和石漠化土地好转方面效果明显，已成为推动湖南省石漠化土地良性变化的主要因素之一。国家自2008年启动岩溶地区石漠化综合治理试点工作以来，2008~2015年，湖南省共有32个县（市、区）纳入过综合治理范围。其中，2008年湖南省5县（市、区）纳入试点范围，2011~2014年湖南省32县（市、区）纳入综合治理范围。2015年，在32个治理县的基础上减少11个县（市、区），新增1个县。截至2016年全省纳入综合治理范围的为22个县（市、区）。目前仍有61个石漠化县亟待治理，61个待治理县的石漠化土地面积占全省石漠化土地总面积的41.48%，其中有省级贫困县10个、国家级贫困县8个。根据党中央统一部署，到2020年我国要全面进入小康社会，石漠化问题作为岩溶地区的贫困根源之一，石漠化综合治理应与精准扶贫相结合，促进石漠化县脱贫致富。全面启动石漠化综合治理工程，对所有有石漠化土地分布的县（市、区）展开治理已刻不容缓。

三、加大林草植被恢复项目建设投资比重

石漠化问题的根本是土地退化，土地退化的核心是林草植被缺乏，导致水土流失加剧。地表植被覆盖度是评价生态环境的一项重要指标，加强湖南省石漠化地区植被的保护与建设，提高地表植被的覆盖度，有助于削弱降雨冲刷的力度，促进雨水下渗，减少地表径流对地面的冲刷。因而，以林草植被修复为核心的技术路线是石漠化综合治理工程的必然选择。但在石漠化治理过程中个别治理县用于林草植被恢复的投入不到60%，导致石漠化治理面积有限，治理成效不突出。林草植被恢复项目在石漠化治理工程中的主体地位不够突出，这将严重影响到石漠化综合治理工程的整体成效。各级政府应加大林草植被项目建设投资比重，使林草植被修复发挥其在石漠化综合治理工程中的核心作用。

四、加大对潜在石漠化土地的保护力度

本次监测结果表明，监测期内湖南省有4.22万 hm² 潜在石漠化土地转变为石漠化土地。潜在石漠化土地转变为石漠化土地，是石漠化土地发生逆向演替的一种，原因主要以不适当经营方式为主，值得引起重视。在石漠化治理过程中，偏重于对石漠化土地的治理，对潜在石漠化土地的保护和管护重视不够，造成部分潜在石漠化土地转为了石漠

化土地，有些经过治理后成为潜在石漠化土地的小班又重新退化为石漠化土地。应加大资金投入，对已有潜在石漠化土地的保护，采取封山育林、补植、森林抚育等方式稳定潜在石漠化土地的林草植被结构，巩固治理成果，使潜在石漠化土地不发生逆向演替。

五、加大投入力度、提高治理标准

土地石漠化防治难度大，且具有社会公益性和普惠性，投入成本高。而石漠化地区属于湖南省贫困人口较为集中的区域，地方经济基础薄弱，国家和省级政府应作为石漠化防治的投资主体，把石漠化防治纳入到整体工作计划并予以优先保证资金。针对石漠化地区现状及存在的问题，通过加大财政转移支付等方式，分阶段分区域对石漠化防治进行立项，对于治理工程建设中的产业化开发项目，采取减免税或国家贴息贷款等多种方式，鼓励多样化的投资主体积极参与，并给予投资主体一定的合理回报。同时，省政府按一定比例设置配套资金，促使广大群众投入有偿劳动，充分调动土地石漠化防治中各方面的积极性。

重点加大中央预算内投资力度，因石漠化县地方财政较差，地方配套难以足额到位。2011~2015年石漠化综合治理工程建设补助标准一直按20万元/km^2，2015年以后提高到25万元/km^2，折算为国家补助资金仅2500元/hm^2，单位治理面积投资明显不足；且石漠化治理重点县绝大多数为国家扶贫工作重点县，财政收入微薄，是典型的"保运转、保工资、保民生"财政，工程建设配套资金落实到位率低。特别是近3年现行物价和用工单价持续走高，单项工程投资补助标准愈发偏低，难以满足工程建设任务需要。石漠化治理林草植被项目单位投资只能解决种苗和部分劳务开支。因单项工程投资标准偏低，进而难以保证工程治理成效。为使石漠化治理地区的人民群众积极参与荒漠化防治建设工作，并鉴于现行石漠化治理的各项补助标准已满足不了实际需要和当前的物价水平，急需提高人工造林、封山育林、人工种草、小型水利水保建设等工程建设的补助标准，同时安排必要的工程管理经费。

六、加强科学研究与综合监测

建立石漠化地区生态环境综合治理技术和管理支撑系统，应根据对石漠化地区生态条件以及地势地貌的差异，筛选、集成不同区域石漠化地区采取的林草植被恢复措施、困难立地营造林模式、生物多样性保护体系、水土流失治理类型和天然草地保护恢复综合治理模式，总结试验示范经验和亮点，作为改善修复石漠化地区生态系统的科技支撑，加快科技成果转化和先进实用技术推广应用。岩溶地区石漠化发育趋势、石漠化治理的成效都需要石漠化监测体系来完成。因此，着力构建石漠化监测体系，落实监测体系建设资金和监测运行费用来源，确保能实时掌握石漠化防治工作的进度并对石漠化防治产生的效益做出准确评估，使石漠化防治决策有据可依。

第九章 湖南石漠化治理科学研究概况

湖南是我国石漠化主要分布的八省（自治区、直辖市）之一，石漠化土地面积排在全国第四，湖南石漠化地区主要分布在湘西北的张家界市、湘西自治州，湘西的怀化市，湘中的娄底市及湘南的永州市、郴州市等地。针对湖南石漠化的特点，众多学者开展了一系列的研究，在湖南石漠化的形成机理、石漠化地区的土壤特征、石漠化治理中植物的选择、石漠化景观研究、石漠化综合治理模式、石漠化治理工程措施以及石漠化治理政策研究成效等方面都提出了自己的见解，为湖南石漠化治理提供了科学的依据与参考。

第一节　湖南石漠化成因及演变机理研究

彭汉兴等的研究从1978年起，由科研部门、高等院校、生产单位共同协作，对湖南洛塔岩溶发育规律和岩溶水开发利用的研究，经过三年多的工作取得了大量的室内外资料和数据。彭汉兴等1983年在《河北地质学院学报》（第2期）上发表的《湖南洛塔岩溶发育规律》从岩溶发育与构造关系、地表溶蚀强度与地下溶蚀强度关系、碳酸盐岩石类型特征及变化对岩溶发育的影响等方面探讨了湖南洛塔地区岩溶发育的基本规律。文中提出，在一般条件下地表溶蚀强度大于地下的概念。铀系法同位素年资料表明，仅根据溶洞出露高程来确定洞穴的形成时代是不可靠的。高程洞穴内上层洞的形成时代，可比高程较高洞穴内下层洞的形成时代老。

彭汉兴在《中国岩溶》（1983年第2期）发表了《湖南洛塔岩溶水化学特征》，表明土壤层中丰富的 CO_2 则是造成该区域水溶蚀性的主因之一，煤系地层中的硫酸型水也是造成水溶蚀性的主因之一，分水岭地段的地表水（沟水或库水）和洞穴水中 Ca_2+ 含量普遍较高。

陈长明等1994年在《大地构造与成矿学》（1994年第2期）发表的《试论湖南境内喀斯特洞穴发育及成矿特征》中，提出了湖南境内地洼区洞穴发育特征及演化规律，反映其与大地构造发展之间的密切关系。低洼区内地壳运动性质、岩性特征、地貌形态及气候环境等因素，最有利于洞穴发展，因此使该区成为喀斯特洞穴发育的重要区域。洞穴发育及洞穴成矿过程，是内外力综合作用的结果。洞穴不仅是矿床的一种溶矿空间，而且在导矿、成矿机理方面都具有特色。

梁彬等2004年在《中国岩溶》（第23卷第1期）发表的《湖南洛塔岩溶山区水土流失影响因素分析》，表明影响洛塔岩溶山区水土流失（土壤侵蚀）的自然因素主要有地形坡度、植被覆盖、土层覆盖、降雨。人为因素主要有开荒、工矿及交通道路建设，并且不同生态条件下水土流失具有明显的差别。

雷隆隆2007年在《中国矿业报》（2007年第B02版）发表的《湖南石漠化成因摸清》中报道了湖南省地质调查院承担的《湖南省湘西、湘南岩溶石山地区地下水资源勘查及生态环境地质调查》项目研究成果。成果显示湖南石漠化面积大、分布广而且发展速度快，自20世纪70年代末至90年代末期间，整体上呈蔓延趋势。目前，全省石漠化总面积达到1.48万km^2，约占该湖南省土地面积的7%，涉及35个县（市、区），湘西、湘南、湘中均有成片分布。石漠化的形成除与所处地域温暖湿润气候、陡峭地形、岩溶地层成土速度缓慢等自然因素有关外，主要是毁林开垦、过度樵采放牧、工厂矿山污染等人为因素所致。

彭英钦等2009年在《湖南林业科技》（第36卷第3期）发表的《永顺岩溶区石漠化的成因及治理对策》中，提出表土层的大量流失、植被覆盖率低、特殊地貌及陡坡、持续降雨、暴雨和不合理的开发种植是导致石漠化的重要因素。

陈勇军等2011年在进行湖南农业大学大学生科技创新项目；湖南农业大学青年人才基金（10QN15）研究时，在《国土资源导刊》（第8卷第6期）发表的《湖南岩溶分布与土地利用景观的响应及驱动力分析》，表明湖南岩溶区的土地利用主要存在灌溉、瘠薄、坡度3种限制因素。从1982~2003年土地利用景观格局的转变来看，这20年来的土地利用景观变化主要是基于对主要限制因素进行改良利用。并提出湖南岩溶区土地利用景观结构变化的驱动力主要有：国家政策对岩溶区县土地利用结构优化的支持，各级土地、地质、环境、土壤等科技工作者对岩溶区县的重视，推动了基础应用学科的发展，为优化岩溶区土地利用奠定了基础。

陈利等2012年在《中南林业科技大学学报》（第32卷第8期）发表的《基于SPOT-5影像的冷水江市岩溶区石漠化时空演变研究》，以湖南省冷水江市为研究区域，运用遥感与地理信息系统技术，通过对比分析2005年和2011年两期SPOT-5高分辨率遥感数据，分别从石漠化土地的演变方向与规模、石漠化土地演变的速率和频率等方面进行分析，来探讨石漠化的时空演变过程及岩溶区土地石漠化时空演变的规律。研究结果表明：2005~2011年，该市岩溶区石漠化破坏与治理同时存在，但破坏强度大于治理效果，石漠化总体变化为加剧趋势。潜在石漠化、轻度石漠化、中度石漠化呈发展趋势，动态度最大是轻度石漠化为25.5%，发展速度最快。重度石漠化，极重度石漠化呈逆转趋势，逆转动态度最大的是重度石漠化为5.1%，逆转速度最快，石漠化局部得到治理，但整体恶化。冷水江市岩溶区域对石漠化发生率贡献影响最大的部分是非石漠化区域转化为轻度石漠化区域，由石漠化改善为非石漠化只占由非石漠化转化为石漠化的62.5%。

王永忠等2013年在《人民长江》[第44卷增刊①]发表的《湖南益阳岳家桥地区岩溶地表塌陷形成机理探讨》根据现场调查和勘探资料，结合湖南益阳岳家桥岩溶地表塌陷区的工程地质条件，分析了该地区岩溶地表塌陷发育的分布特征和地表塌陷的形成条件与过程，并对其形成机理进行了探讨。认为该地区岩溶地表塌陷常发生在干旱季与雨季的过渡时期，其空间分布与地形地貌、河流流向、覆盖层厚度等关系密切；地形、地质条件和地下水条件是地表沉陷的原因；地表沉陷形成机理是由多种因素共同作用决定的，潜蚀作用和真空吸蚀作用是其主要因素。

可见，在石漠化的成因方面，水土流失、强降雨、植被覆盖率低和该区地形深度切割等因素是石漠化形成的主要自然条件，而不合理的人类活动则是石漠化形成的主要促进因素。石漠化现象在湖南广泛发生，多年来对湖南石漠化的成因及机理的研究分析为湖南石漠化的治理提供了重要依据。

第二节　湖南石漠化地区土壤特征研究

童方平2011年在《现代农业科技》（2011年第8期）发表《新邵县岩溶石漠化林地土壤理化特性研究》中，对新邵县岩溶石漠化林地的土壤理化特性进行研究，并运用改进的内梅罗综合指数法，对石漠化林地的土壤肥力进行了综合评价。结果表明：石漠化土壤呈弱酸性，不同坡位和土层厚度的土壤容重、pH值、土壤有机质、土壤有效磷、土壤碱解氮没有显著差异，不同坡位的土壤速效钾没有显著差异，而不同土层厚度的土壤速效钾有极显著差异。不同坡位0~60cm土层的土壤容重变异幅度为1.39~1.58g/m³，不同坡位0~60cm土层的土壤有机质其变异幅度为6.47~7.40g/kg，各坡位以0~20cm土层的土壤速效钾含量最高，其变异幅度为73.75~111.25mg/kg，不同坡位土壤碱解氮变异幅度为69.65~77.70mg/kg。石漠化地上坡、中上坡及中下坡的土壤综合肥力为一般，而下坡的土壤综合肥力则为贫瘠。

童方平同年在《湖南林业科技》（第38卷第4期）发表的《岩溶石漠化林地土壤水分与温度特征研究》，对新邵县有林无林岩溶石漠化林地土壤水分与温度特征进行了监测与分析，结果表明：岩溶石漠化区7~12月无林地和有林地地表、岩面不同坡位温度没有显著差异，但不同月份间温度有极显著差异。7~8月表现为高温，岩石由于传热系数大，吸收阳光升温快而温度明显高于地表。有林地因有树木的荫蔽其地表、岩面的温度要低于无林地。7月无林地地表平均温度为41.28℃，极端最高温度达到50.67℃，岩面平均温度为45.18℃，极端最高温度达到54.57℃。7~12月无林地土壤水分含量要高于有林地2.46%~5.71%。在岩溶石漠化区人工造林，选择耐高温性较强、水分蒸腾较小的树种，可提高造林成活率和生态恢复的效果。

王纳伟2013年在中南林业科技大学硕士学位论文《湘中地区石漠化过程中土壤有机碳变化特征》提出，随石漠化程度的加深，土壤有机碳含量随石漠化等级呈现不断下降的趋势;石漠化演变过程中,土壤侵蚀加剧,土壤物理性质发生一些变化;土壤有机碳与全氮、全磷、微生物量碳有极显著相关关系,与土壤容重、粗砂关系显著。

钟杰2013年在中南林业科技大学硕士学位论文《湘中石漠化地区土壤肥力质量综合评价》中,提出石漠化的演替对土壤化学、微生物量及物理指标产生了不同程度的影响,这些指标或规律性递增递减,或呈现出波动性变化,或无明显变化。土壤有机质和全N含量均为规律性递减,递减方向与石漠化演替方向一致;石漠化演替对土壤各肥力因子的内在联系产生了影响,各肥力因子间的相关性变化较大;肥力综合得分为潜在石漠化>中度石漠化>轻度石漠化>重度石漠化。

李艳琼2016年在《应用生态学报》(第27卷第4期)发表的《湘西南喀斯特地区灌丛生态系统植物和土壤养分特征》采集3种不同石漠化程度的灌丛植物样品以及0~15cm、15~30cm、30~45cm 三个土层土壤,研究土壤、植被养分的分配格局及相互关系,结果表明:土壤有机碳、全N含量在不同土层中差异显著,且其含量均随土层深度增加而减少,而全P、全K、全Ca、全Mg含量在各土层间无显著差异。3种石漠化程度灌丛土壤全N、全P、全Ca、全Mg含量差异显著,且中度石漠化样地土壤有机碳、全N和全P含量相对较高,轻度和重度石漠化土壤各元素含量排序均为有机碳>全K>全Ca>全Mg>全N>全P,而中度石漠化样地土壤各元素含量排序为有机碳>全K>全Ca>全N>全Mg>全P;3种石漠化程度植物各养分含量由高到低依次为Ca>N>K>Mg>P,且植物N、P含量和土壤全N、全P含量均呈显著正相关。土壤养分状况与植物生长密切相关。并提出根据不同石漠化程度土壤养分状况,应该采用封山育林与人工造林相结合以及针对性施肥的方法来治理石漠化。

石漠化地区往往土壤侵蚀剧烈,导致土壤养分的丢失,采用针对性施肥等方法能有效促进树木的早期生长,提高石漠化土地的水土保持能力。

第三节　湖南石漠化景观研究

卞鸿翔1991年在《中国岩溶》(第10卷第3期)发表了《徐霞客对湖南南部岩溶地貌考察研究的述评》中,总结了明代杰出的地理学家徐霞客于1367年春季在湖南南部(简称湘南地区)进行了长达115日的考察。湘南地区气候温暖,降雨充沛。这里除南岭、南岳等中山区为花岗岩及变质岩外,广大丘陵低山区古生代碳酸盐岩分布相当广泛,亚热带季风型岩溶地貌在这里发育较为典型。徐霞客在湘南寻访名山幽壑、奇峰异洞,对岩溶地貌的研究成为他这次旅行考察的重要内容,记录了众多的岩溶景观。

徐水辉等2006年在《水文地质工程地质》(2006年第4期)发表了《湖南凤凰台地峡谷型岩溶地貌初探》,研究了台地峡谷型岩溶地貌的发育特征和形成因素,并对其进行了景观价值评估。基于该地貌的特殊性，在凤凰县境内建立一个以台地峡谷型岩溶地貌为主的国家地质公园，具有重要意义。

曹进2008年在湖南大学硕士毕业论文《基于3S的湖南湘西石漠化景观格局研究》中，利用卫星遥感技术（RS）和地理信息系统（GIS）的空间分析功能，从景观尺度上研究了湖南湘西1977~1999年石漠化景观格局的演变过程。结果表明：1977~1989年，是石漠化景观扩张期；1989~1999年，是石漠化景观减退期。探讨了湘西石漠化动态变化驱动机制和景观生态效应，指出人类活动对石漠化景观格局的变化有深刻的影响，特别是近年来湘西强度石漠化景观有加剧趋势。

胡凌雪2013年在湖南农业大学硕士毕业论文《湖南喀斯特地貌风景名胜区植物景观规划研究》中，选择了湖南中部的湄江风景名胜区和湘南地区的道县的月岩—周敦颐故里风景名胜区作为实践对象，针对湄江风景名胜区提出建立一片多点，以及月岩—周敦颐故里风景名胜区"三点一带"的空间构架，对风景区的现状特征进行分析，并结合项目，对湖南喀斯特地貌风景名胜区的植物景观规划的理论进行运用，达到理论与实际的结合。

江涛等2016年在《低碳世界》（2016年第3期）发表的《湖南省湘西喀斯特石林地貌综合研究》表明湖南省湘西自治州是我国喀斯特石林地貌发育区域之一，现阶段已发现了10多处的喀斯特石林分布区，研究了湘西喀斯特石林发育特征，并湘西喀斯特石林与其他地区发现的石林景观进行对比分析，提出了湘西典型的喀斯特石林的存在，为地学界提供了良好的地学科研基地与教学基地，同时也是地学科普教育的良好地方。湘西政府应严格执行国家有关地质遗迹保护的法律法规，依法保护湘西喀斯特石林，并通过建立以及不断完善相应的管理机构来更好的保护该区域的喀斯特石林遗迹。

对湖南石漠化岩溶地貌的景观研究可以有效促进当地旅游开发，增加地方收入，从而减少当地居民对植被的破坏。从而减少石漠化的产生。

第四节　湖南石漠化治理中植物选择研究

王先柱等2005年在《湖南环境生物职业技术学院学报》（第11卷第4期）发表的《湘西州岩溶山地石漠化现状及治理对策》中，水土流失严重的地段应规划营造生态公益林，在树种选择上注意选择适生、速生、抗性强且具有一定经济价值的乡土树种，如枫香、桤木、香椿、栾树、板栗、麻栎、刺揪、酸枣、马褂木、杜英、木荷、楠木、马尾松、柏木等；在立地条件较好、地势平坦、土层较厚的地段宜选择名、特、优、新品种营造生态经济林，在树种选择上要考虑增加当地农户的经济收入，可选择金秋梨、核桃、脆蜜桃、黄柏、杜仲、厚朴、花椒、金银花、缬草、三叶草等经济价值较高的植物品种。

曾彩云2010年在《中国绿色时报》（第A03版）上发表《隆回探索出石山造林新技术》一文，报道了隆回县科技人员在全县石灰岩山地的不同地段进行了50个树种的对比试验林，筛选了柏木、刺槐、中国槐、柿、枣等16个适宜树种。

向志勇2010年在中南林业科技大学硕士学位论文《邵阳县石漠化区不同植被恢复模式生物量及营养元素分及营养元素的分布进行研究》中，对湖南省邵阳县谷洲镇5种植被恢复模式的林分的生物量，得出在石漠化植被恢复早期，湿地松的生长速度最快，并测试了5种不同植被恢复模式中乔木层、灌木层与草本层中大量元素的含量。

邓湘雯等2010年在《林业科学》（第46卷第11期）发表了《湘西南石漠化地区4种植被恢复模式早期林分燃烧性》，通过测定与分析林分有效可燃物负荷量、析水速率、燃烧热值和能量现存量等，对湘西南石漠化地区4种植被恢复模式（湿地松纯林、侧柏纯林、湿地松+枫香混交林、枫香+侧柏混交林）早期林分燃烧性进行研究，提出选择混交林进行石漠化生态系统植被恢复，并加强林地清理，尤其是草本植物，以减少可燃物质的积累，降低林分的燃烧性。

李倩2011年在《中南林业科技大学学报》（第31卷第7期）发表的《邵阳县石漠化治理区湿地松人工幼林碳贮量及分布格局》中，采用野外标准地调查与室内重铬酸钾—水合加热法相结合，测定了邵阳县石漠化治理工程中3种不同石漠化程度（轻度、中度、重度）的湿地松人工幼林的碳含量、碳贮量及其空间分布。得出石漠化治理工程中，湿地松人工林生态系统碳库的空间分布序列均为土壤层＞乔木层＞林下植被层＞凋落物层，碳库总量范围为$20.018\sim41.284\,t/hm^2$，平均值为$29.563\,t/hm^2$；随着石漠化程度的加大，林分密度减小，碳贮量也减小，土壤碳贮量均随石漠化程度的加大而减小，林下植被和凋落物层中则以轻度石漠化治理人工林中的碳贮量最小。

聂侃谚2011年在中南林业科技大学硕士学位论文《湘西喀斯特地区樟树生长及生产力的研究》中，对湘西自治州生态实验林场的樟树人工林进行了物候、生长、生产力和种子发育、发芽等相关研究，得出樟树的生长明显优于同龄的马褂木、白玉兰、仿栗等树种，并且为确保得到较高的林分生产力，可考虑间伐被压木。

余晓丹2012年在中南林业科技大学硕士学位论文《湖南永州石漠化治理对策的探讨》，通过调查得出永州石漠化地区共记载维管束植物127科330属513种。存在两类植被类型，即常绿与落叶阔叶混交林，结合永州石漠化地区现状和树种选择原则，树种选择以适宜该区域石灰岩丘陵生长的顶极群落树种，恢复顶极群落植被，根据立地情况，并结合种源、种子、育苗难度，可考虑的树种有常绿树种，以青栲、细叶青同为主，并可考虑尖叶栎、东南栲、桂花等；落叶树种可供选择的较多，有栓皮栎、麻栎、翅荚香槐、皂夹、黄连木、光皮株、朴树、青檀、翅荚木等。该区域应当以生态林为主，不宜经营用材林及其他经济林木，但在土层深的山脚，可适当经营水果等经济林。永州石漠化地区宜采用封禁为主，石漠化较严重、顶极群落树种母树缺乏的区域，应当进行顶极树种的营造。

江蕾等2013年在《中南林业科技大学学报》（第33卷第4期）发表的《邵阳县石漠化植被恢复湿地松人工林林分结构的研究》中，以邵阳县石漠化植被恢复湿地松人工林为研究对象，显示湿地松人工林林下植被共有21科27种，其中灌木6科，6种，草本15科，21种；3类石漠化程度下湿地松林下植被种类从高到低排序为：轻度（59.0%）＞中度（37.0%）＞重度（25.9%），而立地条件的优劣决定了整个林分的树高和胸径结构。

彭继庆2014年在《北方园艺》发表的《湘中地区不同石漠化类型植物群落组成及特征》中，对湘中5县不同石漠化类型进行植被调查分析，探讨了湘中地区不同石漠化类型的植被组成和群落特征。结果表明：湘中地区不同等级石漠化类型植物群落结构简单，物种组成比较单一，优势种比较明显，中度石漠化时期出现的乔木树种是石漠化地区乔木群落演替的先锋树种；潜在石漠化地区物种组成明显增加，群落结构比较复杂，具有明显的分层现象。通过树高和胸径进行分析表明，潜在石漠化地区植物群落还处于演替阶段，将向着壳斗科植物为主要建群树种的顶级群落方向演替。

李益锋等2016年在等在《湖南农业科学》（2016年第8期）发表的《湖南省石漠化地区常绿藤本植物抗寒性研究初探》中，以6种二年生离体枝条为试材，测定不同低温处理叶片的电解质渗出率，可溶性蛋白质和丙二醛（MDA）的含量，以及超氧化物歧化酶（SOD）、过氧化物酶（POD）和过氧化氢酶（CAT）的活性判定6种常绿藤本植物均可在湖南用于石漠化治理，6种常绿藤本植物抗寒性强弱的排序为：络石＞扶芳藤＞常春藤＞薜荔＞常春油麻藤＞皱叶忍冬。常春油麻藤和皱叶忍冬在湘北及湘西应用时需谨慎。

谭柏韬2019年在《湖南林业科技》（第46卷第4期）发表的《飞蛾槭等树种在石漠化地区栽培试验》中，选择飞蛾槭、长花厚壳树、光蜡树等3个树种，分别在中、轻度石漠化地区进行栽培试验。结果表明：不同树种的造林成活率和保存率均存在显著差异，光蜡树的造林成活率和保存率都最高，在中度石漠化地区分别为94.1%、92.2%，在轻度石漠化地区分别为97.1%、94.1%。造林3.5年后，不同树种生长量的差异也显著，其中光蜡树生长量最大，在中度石漠化地区平均树高2.03m，平均地径3.0cm；在轻度石漠化地区平均树高2.55m，平均地径4.1cm，且都生长良好。飞蛾槭和长花厚壳树在中度石漠化地区均生长不良，在轻度石漠化地区则都生长较好。初步认为，飞蛾槭、长花厚壳树只适合在轻度石漠化地区栽培，而光蜡树在中、轻度石漠化地区栽培效果皆较好，可推广应用。

刘伟等2019年在《安徽农业科学》（第47卷13期）发表的《藤本植物在石漠化治理中的应用》中，提出地果、薜荔、石柑子、西番莲、栝楼、葛藤、忍冬、过山枫、凌霄、常春藤、扶芳藤和爬山虎等藤本植物由于根系发达、对环境要求低，具有生命力强和生态价值高的特性，所以可以用来提高石漠化地区的水土保持、水源涵养等生态效益。藤本植物具有的这些生态价值可以作为岩溶地区石漠化治理的先锋植物加以研究和推广。

康秀琴等2019年在《中南林业科技大学学报》（第39卷第1期）发表的《湘西南喀斯

特石漠化地区植物多样性研究》中，以湘西南喀斯特石漠化生态系统环境为研究对象，采用野外样方调查和以空间代替时间的方法，研究了轻度、中度和重度3种不同等级石漠化环境下植物群落的结构特征、物种组成和植物多样性演变规律，该石漠化地区植物调查记录共39科68属77种，其中灌木植物有28科40属47种，草本植物14科28属30种，3种不同等级石漠化样地中蔷薇科、壳斗科、菊科和禾本科等植物的种类和数量较多；在3种不同等级石漠化样地中，灌木层的物种丰富度为中度石漠化＞重度石漠化＞轻度石漠化，而Shannon-Wiener指数、Simpson指数和Pielou指数均是中度石漠化＞轻度石漠化＞重度石漠化；草本层的物种丰富度、Shannon-Wiener指数均随着石漠化等级程度下降呈现上升趋势，Pielou指数和Simpson指数表现为中度石漠化＞重度石漠化＞轻度石漠化；并且随着石漠化程度的加深，在长期不加治理的情况下湘西喀斯特石漠化生态系统灌木化会更加严重。

总之，石漠化地区的树种选择要适地适树，要注重经济效益与生态效益的结合。

第五节　湖南石漠化综合治理模式研究

欧阳救荣1992年在《中国地质学会工程地质专业委员会　第四届全国工程地质大会论文选集（一）》发表的《湖南黄沙坪矿区岩溶塌陷及其防》中，采用封堵突水点、铺砌河道、监测塌陷区地表变形和地下水的动态变化、塌洞回填等方法使塌陷范围完全得到了控制。

龙绍都1992年在《中国地质学会工程地质专业委员会　第四届全国工程地质大会论文选集（一）》发表的《湖南省岩溶地区红土的地质灾害问题》中，提出湖南省覆盖型岩溶地区的红土产生地面塌陷、地裂、边坡失稳等地面变形地质灾害的实例甚多，从上述局部的灾害个体的微观分析研究来看，其成灾机理的主导因素是：一是岩溶地区人为的地质作用，如矿井疏排地下水、城镇过量抽汲地下水、矿井在浅部开采不进行充填和边坡开挖坡角过大等，由于完全由人类活动引起，并可受控于人类活动，因此，大部分这类灾害可预测和可预防。二是红土（主要是黏性土）的工程地质性质决定了它具有胀缩性，上硬下软，在厚度不大时强度也不大等特点，发生灾害的触发条件往往是地下水的活动或降雨或地表水的渗入，发生灾害的地段一般是平原、盆地中地势较低处。

何宇彬1998年在《人民珠江》（1998年第3期）发表的《湖南岩溶发育特征及其干旱治理的探讨》中，提出在湘西、湘中、湘南发育着大片裸露型的岩溶石山区，长期以来干旱严重。虽然坚持工程治旱取得了一定成效，但由于植被稀疏，水土流失严重，土地涵水保墒能力差，目前仍存在着不同程度的岩溶干旱现象，因此全省不论哪种岩溶地貌及水文地质结构的地域均应采取以水为中心的小流域综合治理，多修溶洼水库、充分利用地下河系的蓄、输水功能，改善区域水文地质条件，统筹安排工程措施、生物措施，形成生态的良性循环作用，达到根治岩溶干旱的目的。

王先柱等 2005 年在《湖南环境生物职业技术学院学报》（第 11 卷第 4 期）发表的《湘西州岩溶山地石漠化现状及治理对策》中，论述了石漠化地区的营造林技术、工程措施、加强能源建设、实行生态移民、开展生态旅游等综合治理措施。

饶碧娟 2007 年在《湖南水利水电》（2007 年第 5 期）的《湘西州石灰岩地区石漠化防治初探》中，分析了湘西州石灰岩地区石漠化的现状、成因及危害，提出了坚持科学规划，分期建设；以小流域为单元，以坡耕地整治为突破口，坚持山水田林路综合治理，解决石漠化地区群众的生存问题；以解决石漠化地区水问题为核心，大力发展雨水集蓄利用工程，解决石漠化地区群众生产生活用水和生态用水；充分发挥大自然的自我修复能力，加大疏、幼、残林的封育保护力度，努力维护石漠化地区的生物多样性；以解决石漠化地区群众能源问题为重点，大力发展沼气池、节柴灶、以电代燃料工程，防止乱砍滥伐，促进生态建设等治理对策。

梁彬等 2007 年在《水资源保护》（第 23 卷第 2 期）上发表的《岩溶水资源开发利用与综合治理经验——以湘西岩溶区为例》，在分析湘西岩溶水资源环境、岩溶水资源开发利用现状及存在问题的基础上，剖析岩溶水资源开发利用、治理成功与失败的典例，总结出堵截地下河出口溶洼成库、引水农田灌溉或开发水能等岩溶水资源开发利用方式与方法及地表水、地下水综合开发利用与治理等经验，为湘西岩溶石山地区生态环境重建与恢复、石漠化治理提供了科学依据。

欧阳昶等 2007 年在《湖南林业科技》（第 34 卷第 1 期）上发表的《湖南岩溶地区石漠化综合治理探讨》，根据湖南省岩溶地区石漠化监测结果，分析了全省岩溶地区水土流失、生态环境、社会经济等方面的现状，在总结湖南石漠化治理试点经验的基础上提出成立石漠化综合治理领导小组、编制全省石漠化综合治理规划以及综合森林管护、封山育林、人工造林的石漠化综合治理方法。

彭英钦等 2009 年在《湖南林业科技》（36 卷第 3 期）发表的《永顺岩溶区石漠化的成因及治理对策》中，提出以小流域为单元，以坡改梯、坡面水系和沟道治理等小型水利水保工程为重点，采取工程措施、生物措施、生态措施相结合的对策为永顺岩溶区石漠化综合治理策略。

舒玲等 2010 年在《地质灾害与环境保护》（第 21 卷第 3 期）发表的《跨越法采煤控制矿坑涌水量及防治岩溶地面塌陷的研究——以湖南辰溪孝坪煤矿桠杉坡井为例》中，提出桠杉坡井采取跨越法开采深部煤炭资源，焕发了矿山生机，保护了矿山地质环境，其成功经验对相似水文地质条件的矿山生产具有重要借鉴意义。

唐林琴 2010 年在中南林业科技大学硕士学位论文《邵阳县石漠化地区植被恢复模式林燃烧性研究及火行为仿真》中，分析了湘西南石漠化地区 5 种植被恢复模式中的林分燃烧特点，提出邵阳县石漠化地区种植被恢复模式早期积累多，林分燃烧性较高，其中，纯林燃烧性大于混交林。因此，建议选择混交林进行石漠化生态系统植被恢复，并对部分植物进行适当强度清理，尤其是草本植物，以减少的积累，达到降低火灾风险的目的。

吴会平等2011年在《中南林业调查规划》（第30卷第1期）发表的《湖南石漠化综合治理途径探讨》中，通过对湖南石漠化的现状、成因和危害的分析，提出了造封并重，恢复植被，改善生态，增加收入，搞好农田基本建设，提高粮食自给能力，加强水利建设，改善群众生活用水条件，科技兴牧，提高养殖水平，发展新能源，减少对森林资源的依赖，实施生态移民，改善生存环境的石漠化治理方式。

周奇文等2011年在《湖南省环境生物职业技术学院学报》（第17卷第1期）发表的《新邵县岩溶地区石漠化综合治理试点初报》中，通过阐述该新邵县石漠化现状，对本地区石漠化的成因与发育特征进行了初步剖析。新邵县在石漠化治理中，采取以小流域为单元，相应开展了植被恢复工程和小型水利水保配套工程区域综合治理试点，从技术思路、工程措施、营林措施、生物措施、农耕措施等方面具体实施。并提出藤本、灌木植物在治理石漠化中能起积极作用。

尹黎明等2012年在《湖南农业科学》发表的《湖南省岩溶地区石漠化治理与扶贫开发探析》中，分析了湖南省岩溶地区石漠化现状及其环境影响，并对土地石漠化的时空特征、区域环境进行了研究，结果表明，保护治理自然生态环境、控制人口数量、培植替代产业、综合开发是治理湖南省岩溶地区石漠化的关键所在。并提出了适生适种，加强岩溶地区生态建设，加大财政投入，建立以各级政府为主体的土地石漠化防治投入机制，综合开发，控制人口数量、减少土地复垦，培植环境友好型替代产业的建议。

蒋伟2012年的中南林业科技大学硕士学位论文《湘中岩溶石漠化生态治理造林模式研究——以新邵、隆回模式为例》中，通过实地调研、野外科考、实验，最终归纳了湘中隆回、新邵地区造林样本的6种造林模式。即隆回中南部金银花（林药）造林模式、湘中隆回荷香桥镇石山柏木造林模式、新邵石马江流域翅荚木造林模式、新邵渔溪河流域栾树造林模式、新邵石马江流域光皮树造林模式、新邵渔溪河流域柏木造林模式。

谢攀2015年中南林业科技大学硕士学位论文《湖南省吉首市石漠化综合治理模式研究》中，基于吉首市石漠化现状特征和石漠化影响因子，在现有6种石漠化治理模式的基础上，采用层次分析法构建了以"林草植被建设——草食畜牧业发展——水利水保措施建设"相结合的石漠化综合治理模式，对湾溪河小流域的石漠化综合治理进行了效果分析。得出治理下创造的直接经济价值为6770.40万元，间接经济价值为220.23万元。

姜磊玉等2016年在《国土资源导刊》（第12卷第1期）发表的《湖南省石漠化分布特征及治理对策》中采用"3S"技术，大面积快速调查和监测石漠化位置、面积、等级，分析研究其时空分布与变化规律。得出湖南省2014年石漠化面积3125.24 km²，2007～2014年7年间总体上呈减少趋势，但是，中度石漠化面积仍有所增加。湘西地区和沅江流域石漠化分布面积较大。

通过不断的试验与研究，根据各地不同的社会与自然条件，总结各个治理模式的利弊，才能得出最适合本地的石漠化综合治理模式。

第六节　湖南石漠化治理工程措施研究

龙绍都1992年在《湖南地质》（第11卷第8期）上发表《湖南岩溶充水矿床基本特征及岩溶水的防治与利用》中，详细说明了矿区地面防治水、地下疏干、帷幕注浆治水等石漠化矿区治理的工程措施。

郭建萍1995年在《湖南地质》（第14卷第3期）发表的《湖南岩溶矿山的地面塌陷特征及防治探讨》提出了设立监测网点进行监测，合理选择抽排水方式，建造注浆截水帷幕，钻孔通气防塌，防止地表水下渗等岩溶矿山的地面塌陷防治方法。对已产生的塌陷洞应及时进行填封，可采用土石方充填，混凝土封闭，有的塌洞（坑）要反复多充填几次，最好从塌洞口基岩裸露处填封。对浅层土洞或塌陷，可采用竖井、沉井及各种桩基，将桩端嵌入下伏的密实土层或坚硬稳定的基岩上，挤密松散层，提高地基稳定性及强度以及对埋深较大但仍位于地基持力层内的规模不大的塌陷或土洞，用弹性地基梁或钢筋砼梁跨越土洞或塌陷体的塌陷处理方法。

欧阳昶等2007年在《湖南林业科技》（第34卷第1期）上发表的《湖南岩溶地区石漠化综合治理探讨》中，提出两个工程措施：一是坡改梯工程。为提高单位土地的生产力，改善石漠化区域农民生存的条件，对部分坡度在16°~25°的坡耕地实施坡改梯工程。采取建生物埂、培地埂、筑沟头埂等改良措施，以达到等高耕作，固土保水，减少耕地水土流失，改善农业生产条件的目的。二是小型水利水保工程。坚持按治标与治本相结合的原则，尽可能突出综合治理的特点，与封山育林、人工造林和坡改梯工程充分结合，以投资少、见效快的小型微型水利水保工程为主，如开发地下水资源，建设地头水池和家庭蓄水池等，解决群众生产生活用水问题。对旱灾严重区域，附近又有水源的旱地，可以开设引水渠、灌溉渠等措施进行治理，努力提高有效灌溉面积，增强抵御自然灾害的能力，形成多功能的防治体系，防止石漠化程度加剧。

刘星2014年在中国地质大学（北京）硕士学位论文《湖南省重点岩溶流域岩溶水开发利用区划及方案研究》中，根据不同区域提出了岩溶流域岩溶水开发利用工程方案。

蒋雅薇2016年在《中南林业调查规划》（第35卷第4期）发表的《湖南湘西州石漠化现状及水土保持措施》中，提出湘西州坡耕地较多，可根据当地石漠化现状、坡度大小、地形变化情况，在石漠化等级较低、坡度较为平缓、土层较厚的区域实施"坡改梯"工程，采取梯田和地埂相结合的方法防止地表径流的产生，同时配套建设截（排）水沟、蓄水池等来保障灌溉，在坡面上辅助鱼鳞坑等措施，减少水土流失；在坡度较大、有明显滑坡的山体上部开挖撇洪沟；在石漠化等级较高、水土流失严重的地段修筑拦砂坝、挡土墙及蓄沙池；在易于植树种草的浅沟侵蚀地区，修筑沟头埂、布设柳堤等。同时在农村内建设蓄水池、水窖等小型水土保持工程，以满足农村居民的生产生活需要。

参考文献

[1] 彭汉兴.湖南洛塔岩溶发育规律[J].河北地质学院学报，1983，02:54-62+94.

[2] 彭汉兴，吴应科.湖南洛塔岩溶水化学特征[J].中国岩溶，1983，02:31-40.

[3] 陈长明.试论湖南境内喀斯特洞穴发育及成矿特征[J].大地构造与成矿学，1994，02:183-190.

[4] 梁彬，朱明秋，梁小平，等.湖南洛塔岩溶山区水土流失影响因素分析[J].中国岩溶，2004（01）:8-14.

[5] 雷隆隆.湖南石漠化成因摸清[N].中国矿业报，2007.7.5（B02）.

[6] 彭英钦，张金贵，童方平，等.永顺岩溶区石漠化的成因及治理对策[J].湖南林业科技，2009，36（03）:60-63.

[7] 陈勇军，袁红，周游，等.湖南岩溶分布与土地利用景观的响应及驱动力分析[J].国土资源导刊，2011，806:74-76.

[8] 陈利，林辉，孙华.基于SPOT-5影像的冷水江市岩溶区石漠化时空演变研究[J].中南林业科技大学学报，2012，32（08）:22-27.

[9] 王永忠，艾传井，叶静风，等.湖南益阳岳家桥地区岩溶地表塌陷形成机理探讨[J].人民长江，2013，44S1:107-110.

[10] 童方平，邓德明，苏振楚，等.岩溶石漠化林地土壤水分与温度特征研究[J].湖南林业科技，2011，38（04）:12-14+26.

[11] 童方平，邓德明，苏振楚，等.新邵县岩溶石漠化林地土壤理化特性研究[J].现代农业科技，2011（08）:255-256+258.

[12] 王纳伟.湘中地区石漠化过程中土壤有机碳变化特征[D].长沙:中南林业科技大学，2013.

[13] 钟杰.湘中石漠化地区土壤肥力质量综合评价[D].长沙:中南林业科技大学，2013.

[14] 李艳琼，邓湘雯，易昌晏，等.湘西南喀斯特地区灌丛生态系统植物和土壤养分特征[J].应用生态学报，2016，27（04）:1015-1023.

[15] 卞鸿翔.徐霞客对湖南南部岩溶地貌考察研究的述评[J].中国岩溶，1991，

03:72-77.

[16] 徐水辉，彭世良，陈文光，等.湖南凤凰台地峡谷型岩溶地貌初探[J].水文地质工程地质，2006，04:111-113.

[17] 曹进.基于3S的湖南湘西石漠化景观格局研究[D].长沙：湖南大学，2008.

[18] 胡凌雪.湖南喀斯特地貌风景名胜区植物景观规划研究[D].长沙：湖南农业大学，2013.

[19] 江涛，应艺.湖南省湘西喀斯特石林地貌综合研究[J].低碳世界，2016，03:90-91.

[20] 王先柱，钟少伟，彭险峰.湘西州岩溶山地石漠化现状及治理对策[J].湖南环境生物职业技术学院学报，2005，04:302-305.

[21] 曾彩云.隆回探索出石山造林新技术[N].中国绿色时报.2010.12.17(A03).

[22] 向志勇.邵阳县石漠化区不同植被恢复模式生物量及营养元素分布[D].长沙：中南林业科技大学，2010.

[23] 邓湘雯，唐林琴，田大伦，等.湘西南石漠化地区4种植被恢复模式早期林分燃烧性[J].林业科学，2010，4611:89-94.

[24] 李倩，邓湘雯，黄小健，等.邵阳县石漠化治理区湿地松人工幼林碳贮量及分布格局[J].中南林业科技大学学报，2011，3107:91-96.

[25] 李倩.邵阳县石漠化治理湿地松人工幼林碳贮量研究[D].长沙：中南林业科技大学，2011.

[26] 聂侃谚.湘西喀斯特地区樟树生长及生产力的研究[D].长沙：中南林业科技大学，2011.

[27] 李志辉，聂侃谚.湘西喀斯特地区香樟生长及生产力研究[J].中南林业科技大学学报，2011，3103:12-16+20.

[28] 余晓丹.湖南永州石漠化治理对策的探讨[D].长沙：中南林业科技大学，2012.

[29] 江蕾.湘西南石漠化地区湿地松人工林结构与生产力研究[D].长沙：中南林业科技大学，2013.

[30] 江蕾，邓湘雯，黄小健，等.邵阳县石漠化植被恢复湿地松人工林林分结构的研究[J].中南林业科技大学学报，2013，3304:82-86.

[31] 彭继庆，曹福祥，曹基武，等.湘中地区不同石漠化类型植物群落组成及特征[J].北方园艺，2014，23:65-70.

[32] 李益锋，张朝辉，姜放军，等.湖南省石漠化地区常绿藤本植物抗寒性研究初探[J].湖南农业科学，2016，08:31-34.

[33] 谭柏韬，周志远，谭志明，等.飞蛾槭等树种在石漠化地区栽培试验[J].湖南

林业科技，2019，4604:23-27.

[34] 刘伟，王昊琼，但新球，等.藤本植物在石漠化治理中的应用[J].安徽农业科学，2019，4713:78-81.

[35] 杨贺.湘西不同程度石漠化地区植物多样性与土壤理化性质相关性研究[D].长沙：中南林业科技大学，2019.

[36] 康秀琴，魏小丛，李颜斐，等.湘西南喀斯特石漠化地区植物多样性研究[J].中南林业科技大学学报，2019，3901:100-107.

[37] 龙绍都.湖南省岩溶地区红土的地质灾害问题[A].中国地质学会工程地质专业委员会.第四届全国工程地质大会论文选集（一）.1992:340-345.

[38] 何宇彬，徐新民.湖南岩溶发育特征及其干旱治理的探讨[J].人民珠江，1998，03:9-12+22.

[39] 饶碧娟.湘西州石灰岩地区石漠化防治初探[J].湖南水利水电，2007，05:61-62.

[40] 梁彬，朱明秋，裴建国，等.岩溶水资源开发利用与综合治理经验——以湘西岩溶区为例[J].水资源保护，2007，02:64-69.

[41] 尹育知.岩溶地区石漠化综合治理及其生态效益评价研究[D].长沙：中南林业科技大学，2013.

[42] 蒋伟.湘中岩溶石漠化生态治理造林模式研究[D].长沙：中南林业科技大学，2012.

[43] 欧阳昶，邓德明.湖南岩溶地区石漠化综合治理探讨[J].湖南林业科技，2007，01:65-67.

[44] 舒玲.跨越法采煤控制矿坑涌水量及防治岩溶地面塌陷的研究——以湖南辰溪孝坪煤矿桠杉坡井为例[J].地质灾害与环境保护，2010，2103:58-62.

[45] 唐林琴.邵阳县石漠化地区植被恢复模式林燃烧性研究及火行为仿真[D].长沙：中南林业科技大学，2010.

[46] 吴会平，曾昭军，夏本安，等.湖南石漠化综合治理途径探讨[J].中南林业调查规划，2011，3001:20-23.

[47] 周奇文，周敏昔，陈昀.新邵县岩溶地区石漠化综合治理试点初报[J].湖南环境生物职业技术学院学报，2011，1701:12-16.

[48] 尹黎明，袁志忠，杨胜香，等.湖南省岩溶地区石漠化治理与扶贫开发探析[J].湖南农业科学，2012，01:62-64+69.

[49] 谢攀.湖南省吉首市石漠化综合治理模式研究[D].长沙：中南林业科技大学，2015.

[50] 姜磊玉，姜端午，曹进.湖南省石漠化分布特征及治理对策[J].国土资源导刊，

2016，1304:25-28.

[51] 龙绍都.湖南岩溶充水矿床基本特征及岩溶水的防治与利用[J].湖南地质，1992，03:247-252.

[52] 郭建萍.湖南岩溶矿山的地面塌陷特征及防治探讨[J].湖南地质，1995，03:169-173.

[53] 刘星.湖南省重点岩溶流域岩溶水开发利用区划及方案研究[D].北京:中国地质大学（北京），2014.

[54] 蒋雅薇，刘恩林，杨丽丽，等.湖南湘西州石漠化现状及水土保持措施[J].中南林业调查规划，2016，3504:49-52+56.

附录1 石漠化综合治理植被恢复工程实施方案（永顺县 2017 年案例）

一、项目背景

永顺县岩溶地区总面积2795901亩，其中，石漠化面积1299622.5亩（其中：极重度10824亩，重度307273.5亩，中度653056.5亩，轻度328468.5亩），潜在石漠化面积1016355亩，非石漠化面积479923.5亩。全县石漠化土地通过近几年的治理取得了初步成效，但治理范围还有限，为继续遏制和扭转石漠化扩展蔓延态势，是全县一项长期艰巨的战略任务。特别是党中央、国务院对岩溶地区石漠化治理工作十分重视，党的十六届五中全会通过的《关于国民经济和社会发展第十二个五年规划的建议》中指出，要继续实施荒漠化、石漠化治理工程，促进自然生态恢复。通过石漠化综合治理，既改善了全县生态环境，又使石漠化治理区内的农民从中受了益。

二、成立领导机构

石漠化综合治理植被恢复工程是生态建设的重要内容，全局对此项工作高度重视，成立了永顺县林业局岩溶地区石漠化综合治理植被恢复工程工作领导小组。

组　长：罗　群　局　长

副组长：黄　斌　副局长

成　员：丁治国　黄松涛　邹纯安　杜昌军　向安胜

领导小组下设办公室，由林业局副局长黄斌兼任办公室主任，营林站站长杜昌军兼任办公室副主任，办公室设在营林站；具体负责石漠化综合治理工作。

三、治理区基本情况

2017年度石漠化综合治理植被恢复工程共分2个小流域：牛路河小流域，包括灵溪镇的合作村、司城村；施烈湖小流域，包括两岔乡的朵砂村、湖坝村、团结村、两岔村。共涉及2个小流域、2个乡镇、6个村，治理区总面积78.35 km²，其中岩溶区面积38.00 km²。

四、综合治理区目标

（一）指导思想

以科学发展观为指导，认真贯彻党中央、国务院关于石漠化综合治理区和改善生态环境的指示精神，按照《全国生态环境建设规划》的要求，坚持"预防为主，科学治理，合理利用"的方针；遵循自然和经济规律，以科技为先导，以法律为保障，采取生物治理为主，结合水土保持工程、科技支撑体系建设进行综合治理；林业、农业、水利等部门相互配合，保护和恢复林草植被，控制水土流失、遏制石漠化扩展趋势，改善生态状况，增加农民收入、促进石漠化地区经济社会可持续发展，创建人与自然的和谐社会。通过局部试点，探索石漠化综合治理技术和方法，总结工程建设经验，为全面启动石漠化综合治理工程奠定基础。

（二）基本原则

① 坚持集中治理的原则。尽可能集中连片，形成规模和效益，也便于加强管理。

② 坚持适地适树的原则。工程必须根据立地条件选择造林树种，讲求成效。

③ 坚持生态效益、经济效益相结合的原则。突出生态效益，同时兼顾经济效益，但杜绝破坏生态环境来换取经济利益。

④ 坚持在科学设计的前提下充分尊重农户意愿的原则。

（三）依 据

①《造林技术规程》（DB43/T 140—2014）。

②《封山育林技术规程》（DB43/T 004—2014）。

③《主要造林树种苗木质量分级》（DB43/094—2005）。

④《容器苗育苗技术》（LY/T 1000—2013）。

⑤《湖南省人工造林作业设计技术规定》（试行）。

⑥《湖南省封山育林作业设计技术规定》（试行）。

（四）目 标

1. 石漠化治理目标

通过对治理区石漠化土地的综合治理，使治理小流域区内中岩溶面积 $3800.01\,hm^2$ 中的 $913.5\,hm^2$ 石漠化土地得到有效治理，占永顺县现有石漠化土地面积 $65531.6\,hm^2$ 的 1.39%；治理区土壤侵蚀模数由 $4478.0\,t/(km^2 \cdot a)$ 降到 $3487.2\,t/(km^2 \cdot a)$。

2. 植被恢复目标

通过植被恢复工程建设，建立起比较完备的以林木植被为主体的国土生态安全屏障，治理区新增森林面积 $862.4\,hm^2$，提高治理区森林覆盖率 9.08%，同时使现有 $677.7\,hm^2$ 的疏林地的森林质量得到较大提高，新增木材 $47120\,m^3$。

3. 农民增收目标

通过营造经济林、发展草食畜牧业、增加粮食产量，实现治理区域农民年人均纯收入增加280元以上。

（五）建设内容和规模

1.建设内容及规模

石漠化综合治理植被恢复工程建设内容为人工造林和封山育林补植型。总规模为12935.7亩，总投资为477.71万元。其中人工造林2770.2亩、282.24万元，封山育林补植型10165.5亩、195.47万元。

2.建设期限

石漠化综合治理植被恢复工程建设期为3~5年。人工造林建设期为3年，从2017年10月至2020年10月；封山育林建设期为5年，从2017年10月至2022年10月。

（六）综合治理主要技术措施

1.综合治理要点

① 以植树造林、现有植被保护、封山育林补植型为核心，增加石漠化地区的植被覆盖率。通过加大农村能源工程建设，减少木质能源消耗，遏制石漠化面积扩大的势头，建立起可持续发展的生态体系，促进石漠化地区经济的快速发展。

② 以小岩溶流域为单元进行综合治理。石漠化地区地下发育，地表水与地下水相互转化频繁，组成统一的水文网络，水资源的补给、径流、排泄关系密切，岩溶流域既是水系统的有效单元，也常常成为相对比较独立的生态和经济功能区。因此，石漠化的治理采取以小流域为治理单元，工程措施、生物措施、预防监督措施相互配合，以确保综合治理效果和长期效益。

③ 坚持可持续发展的思路，加强环境保护监管。对石漠化地区的各项建设活动要严格管理，建设治理区要严格审批，特别是石漠化地区矿产资源的开发要进行严格控制；石漠化综合治理的各项工程措施在实施前均应做好工程环境影响评价，防止工程建设过程中对生态环境产生不利影响。

2.综合治理主要技术措施

以人工造林、封山育林补植型为主要手段，增加石漠化地区的植被覆盖率，减少水土流失，遏制石漠化土地扩大的势头，建立起可持续发展的生态体系，促进石漠化地区经济的快速发展。

（1）封山育林补植型

将治理区内的林相较差，林分分布不均，林中空隙地多，郁闭度在0.10~0.19的疏林地，或目的树种天然下种（或萌芽）能力较差的石漠化土地，采用人工补植的办法促进天然更新，列为乔木封育类型进行培育。即在林中空地见缝插针进行穴垦补植，补植树种为枫香、栾树、马尾松、等乡土树种，补植密度不低于750株/hm^2。设立封山育林标志和标牌，明确管护机构和管护人员，制订封育措施和管护措施；以提高林分质量，改善生态状况。

（2）人工造林

对无立木林地、宜林地和未利用地，利用人工造林方式进行治理区。

① 整地：由于治理区造林地植被盖度小，岩石裸露度大；整地时应尽量保留原有植被，整地规格的大小应根据岩缝间土层的深度具体确定。

② 造林密度：遵循见缝插绿的原则，在岩缝间土地上尽量合理密植，根据造林树种选择合理密度：马尾松、枫香造林密度应达到3000株/hm²。

③ 树种选择：要做到适地适树，应选择适宜岩溶地区土壤生长的乡土树种，大力营造混交林，实行乔、灌、草相结合，形成复层森林结构，以减少地表冲刷，提高生物治理效果。选择的经济林树种应具有优质、高产的特性，并根据市场需求重点发展名、特、优、新品种。

④ 种植次序：对立地条件差的陡坡、侵蚀沟、水土流失严重、植被稀少的地方，可先灌木，后乔木；对乔、灌造林成活困难的地段，可先种草，后灌木和乔木；以提高治理的效果和成功率。

⑤ 种苗：种苗质量是造林成败的基础，特别对于岩溶地区石漠化土地来说，由于其土肥、水分等立地条件比较差，更应注重造林苗木质量的培育，应就地育苗，最好采用容器苗上山造林，造林苗木 I 级苗必须达到85% 以上。

⑥ 栽植：根据该区的气候特点和造林树种的物候特点，栽植工作宜安排在1月上旬至3月上旬之间完成。应做到当天起苗当天栽植，造林前将苗木采用生根粉处理，打好泥浆，栽植以雨天或阴天为好。

⑦ 林地隔离：造林后应严格采取隔离管护措施，限制人畜进入造林地活动，加强林地封禁保护。隔离措施可采取在林地周围开挖隔离沟、架设铁丝网或木栅栏等。

⑧ 抚育与补植：造林后应加强抚育管理，每年抚育2次，通过除草、扶苗、培土等措施，提高树木的成活率和生长量。同时，发生缺株，应及时用大苗或容器苗进行补植。应适时进行施肥，促进林木生长；同时加强林木病虫害防治工作。并在小班周围的路口设立公告牌等措施，加强宣传教育，规范当地居民生产生活行为。

⑨ 水土保持：除保留原有植被，表土及时还穴，在岩缝间相对较大面积的裸露土面上，还应环山沿等高线每隔20 m 掘挖竹节沟，上下相互错开，竹节沟规格10 cm × 10 cm，长度依实际情况而定。

（七）投资概算与资金筹措

1. 主要技术经济指标

① 封山育林封补型：每公顷4500元。

② 人工造林：每公顷12000元。

2. 投资概算

永顺县2017年度石漠化综合治理植被恢复工程投资概算为总投资477.71万元。其中人工造林2770.2亩、282.24万元，封山育林补植型10165.5亩、195.47万元。

3.资金筹措

石漠化综合治理植被恢复工程建设国家专项资金477.71万元。

（八）施工区域及施工队安排

1.施工区域

根据项目统一安排，本年度石漠化综合治理植被恢复工程分人工造林和封山育林补植型2个类型；分别在两岔乡的朵砂村、湖坝村、两岔村灵溪镇的合作村4个行政村实施。

2.施工队安排

石漠化综合治理植被恢复工程与其他工程有所区别：首先每个小班资金都没有超过50万元，其次是人工造林、封山育林补植型都是当地农户自己实施，三是现在还没有成立真正有施工资质的专业造林施工队。因此请示县人民政府由林业局召开局领导班子会议确定施工队（以当地农户为主）。

鉴于以上情况石漠化综合治理植被恢复工程除种苗政府采购以外，人工造林、封山育林补植型不进行招投标。

（九）效益分析

1.生态效益分析

① 通过植被恢复工程建设，建立起比较完备的以林木植被为主体的国土生态安全屏障，治理区新增森林面积862.4hm^2，提高治理区森林覆盖率9.08%，同时使现有677.7hm^2的疏林地的森林质量得到较大提高，新增木材47120m^3。

② 涵养水源。治理区建成后，新增加的有林地，能极大地促使涵养水源的增加，不仅可以极大地提高粮食主产区的水利化程度，促进农业稳产高产，而且可加大地下水的补给量，从而使表层泉均匀流出，暗河动态更加稳定。

③ 保土保肥效益。治理区建成后，新增林地按每公顷每年保土60t计算，每年保土量7200t，土壤中的氮、磷、钾含量1%计算，相当于减少流失肥料72t，每吨肥料按800元计算，保肥效益为5.7万元。水土流失强度的降低，有效减少了河流泥沙含量和淤积，对改善猛洞河流域及澧水流域的生态安全具有重大意义。

④ 释放氧气及缓解温室效应。治理区的建设，将增加森林植被面积；植物通过光合作用大量吸收空气中的二氧化碳气体，释放出更多的氧气，增加空气中的负离子浓度。增加的氧气及负离子浓度提高空气的舒适度；消耗的二氧化碳气体，对缓解因温室气体排泄增加而引起的明显的温室效应有较好的抑制作用。

⑤ 净化大气效益。根据有关资料，每公顷森林每年可吸尘12t，可吸收二氧化硫0.18t，据此计算，新增的175hm^2森林面积每年可吸尘2100t，吸硫31.5t。

2. 社会效益分析

① 促进社会经济发展，增加就业机会。本治理区建设，需要劳动力的投入，将给治理区提供一定的就业机会，农户可通过参与此治理区建设，直接获得一定的经济效益。经估算实施本治理区工程，仅营造林生产和管护工作，就需要投入劳力34400个工日，按每个工日100元计，农民可增加收入344万元。对缓减社会就业问题、社会安定团结和农村经济快速发展起到积极的作用。

② 改善生态状况，实现"生态富民"。治理区的实施将提高森林覆盖率，明显改善生态环境，有效控制自然灾害，从而减少每年因自然灾害造成的经济损失和人员伤亡，人畜饮水困难状况得到改善，人居环境适宜性极大提高，可确保经济发展、社会稳定，人民安居乐业，实现区域经济社会的可持续发展。

3. 经济效益分析

通过治理区建设，新增有林地面积862.4hm^2，树木成林后，森林蓄积量将增加47120m^3，每立方米按500元计算，可增加收入2353万元。岩溶地区石漠化综合治理植被恢复工程的实施，必将有力地改善岩溶地区生态条件，有效遏制其生态状况恶化的势头，改善了岩溶地区群众的生产、生活条件，将很大地促进岩溶地区经济的快速发展，有助于岩溶地区实现经济社会的可持续发展。因此，开展岩溶地区石漠化综合治理植被恢复工程，生态效益、社会效益显著，经济效益明显。

永顺县林业局

（2017年10月）

附录2 石漠化综合治理设计（永顺县
2017年案例）

一、永顺县基本情况

（一）地理位置

永顺县位于湖南省的西北部，湘西州的东北部。地处东经109°36′48″~110°22′30″，北纬28°42′52″~29°26′38″。东接张家界市永定区，东南与沅陵县接壤，南倚酉水，隔河与古丈县相望，西南与保靖县相连，西靠龙山县，北与桑植县毗邻。长81km，宽78km。全县总面积3810km²，为湖南省总面积的1.8%。

（二）地形地貌

永顺县地层分布地跨两区，列夕—抚志—青坪一线以南为"武陵山区"，该线以北为"八面山区"。其地貌属云贵高原东侧武陵山西北与鄂西山地的交界之处，并向江南丘陵过渡的地带。境内山峦叠嶂，溪谷纵横，海拔最高处为羊峰山，海拔1437.9m，海拔最低处为小溪鲤鱼坪的明溪，海拔162.6m，高低相差1275.3m，地势比降为4.46%。县内200m以下的地区占土地面积的3.5%；400~600m的占39.1%；600~1100m的占38.9%；1100m以上的占18.5%。全县以中山、低山山地地貌为主，兼有丘陵、岗地、平原等多种类型，交错分布。

（三）气候条件

永顺县属中亚热带山地湿润气候，雨量充沛，年降雨量1365.9mm，水热同步，温暖湿润；夏无酷暑，冬少严寒，垂直差异悬殊，立体气候特征明显，小气候效应显著；热量充足，大于或等于10℃的年积温为5196℃，年平均日照时数1305.8h，年日照百分率为22%，常年平均气温在14.2~16.4℃，7月份最热，1月份最冷，极端最高温度达40.5℃，极端最低温度达-8.7℃，无霜期260~278d，平均相对湿度82%，很少出现灾害性冰冻。

（四）水文条件

永顺县属沅、澧水系。沅水流域面积3019.82km²，占总面积的79.24%；澧水流域面积791.2km²，占总面积的20.76%。全县共有大小溪河330多条，流域面积大于10km²、干流长度大于5km的河流70条，其中一级支流6条，二级支流16条，三级支流30条，四级支流13条，五级支流5条。

境外河流流经县内的过境水量约为87.28亿 m³。其中酉水约58.29亿 m³，猛洞河上游约5.14亿 m³。灌溉还原水量为0.49亿 m³。地下水资源有普通地下水和地下热矿泉水。全县多年平均地下水储量2.94亿 m³，占全县地表水总量的8.7%。全县河流坡降陡，落差大，水能资源理论蕴藏量36.98万 kW 时。

自20世纪60年代以来，全县先后兴建了高家坝、马鞍山、海螺、凤滩、松柏和杉木河等6座大中型水库，小Ⅰ型水库21座，小Ⅱ型水库94座，山塘1127口，固定河坝723座，机灌站769台（处），电灌站37处69台，水轮泵站12处28台，喷灌站1处1台，节水灌溉示范项目2处及相应的灌区渠系配套工程，各类饮水工程327处，全县总蓄引提水量达2.7亿 m³，灌溉面积15300 hm²，在防洪、发电、灌溉、供水、生态等方面发挥了巨大效益。

（五）植 被

全县属于亚热带常绿阔叶林植物群落区，植被生长繁茂，树种资源丰富，共有乔木树种100科，252属，663种，植被分布以天然次生混交林为主，尤其以小溪自然保护区分布最为典型，它是亚热带保存最完整，面积最大的低海拔常绿阔叶原始次生林区之一，是免遭第四纪冰川侵袭而唯一幸存的天然资源宝库。有国家级保护树种珙桐、红豆杉、银杏、伯乐树等Ⅰ、Ⅱ级保护树种43种。人工用材林以马尾松、杉木、柏木为主，经济林以柑橘、油茶为主。森林覆盖率52.95%，森林蓄积量775.53万 m³。

（六）社会经济概况

1. 行政区划与人口

（1）行政区划

永顺县辖23个乡镇，分别是灵溪镇、芙蓉镇、小溪镇、泽家镇、首车镇、石堤镇、永茂镇、青坪镇、砂坝镇、塔卧镇、松柏镇、万坪镇12个镇，两岔乡、西歧乡、对山乡、润雅乡、朗溪乡、万民乡、毛坝乡、盐井乡、车坪乡、高坪乡、颗砂乡11个乡。

（2）人 口

2015年末，全县总户数15.61万户，总人口53.82万人，其中男28.1万人，女25.72万人。年末常住人口44.85万人，其中男23.37万人，女21.48万人；其中城镇人口16.08万人，农村人口28.77万人；总人口中少数民族49.6万人，少数民族中土家族42.95万人，苗族6.34万人。

2. 经济社会发展概况

2015全县实现生产总值57.39亿元，按可比价增长10.8%。其中，第一产业增加值15.69亿元，增长3.9%；第二产业增加值14.93亿元，增长10.8%；第三产业增加值26.77亿元，增长14.8%；按常住人口计算，人均 GDP 为12797元；全县三次产业结构由上年的27.88:26.93:45.19调整为27.34:26.02:46.64。

2015年全县农林牧渔业总产值26.21亿元，增长3.8%；其中农业产值19.4亿元，增长3.5%；林业产值1.09亿元，增长4.5%；牧业5.27亿元，增长4.3%；渔业产值0.34亿元，增长6.4%；农林牧渔服务业产值0.11亿元，增长8.5%。农、林、牧、渔、服务业比例为74.05∶4.16∶20.11∶1.30∶0.38。

精准扶贫成效显著，深入贯彻习近平总书记精准扶贫重要指示，按照"三件大事""五个一批""六个精准"等要求，坚持旅游与扶贫相结合，大力推进乡村游与产业扶贫、传统村落保护相结合。出台了全面推进精准扶贫工作的实施意见，编制了县乡村三级精准扶贫实施规划，先后开展了贫困村贫困户精准识别"回头看"、建档立卡、机制创新、"四类人员清理"，扎实开展贫困人口精准识别，组建103个驻村扶贫工作队，实现195个贫困村驻村帮扶全覆盖，整合扶贫资金3.98亿元，减少贫困人口2.4万人，年末贫困人口10.26万人。

2015年，居民收入持续增长。城镇居民人均可支配收入16880元，增长7.6%；全县农村居民人均可支配收入5579元，增长13.7%。全县城镇居民人均消费支出12267元，农村居民家庭人均消费支出6545元，城镇居民恩格尔系数为33.4%，农村居民为34.8%。

3. 交通

交通运输平稳发展。2015年末通铁路里程36km，公路通车里程2558km，其中高速公路88km，国道60km，省道481km，县道342km，乡道718km，村级公路856km，专用公路13.2km。全社会旅客运输量815万人次，旅客周转量52315万人公里，货物运输量95万t，货运周转量14094万吨公里，行政村客运班线通达率67.8%。

二、石漠化治理区基本情况

（一）本年度治理区石漠化情况

永顺县2017年石漠化综合治理工程治理区土地总面积7835.26hm²，岩溶区面积3800.01hm²，其中治理石漠化土地面积913.5hm²，占岩溶区面积的24.04%。石漠化面积中：重度石漠化面积51.1hm²，中度石漠化面积637.1hm²，轻度石漠化面积225.3hm²。土壤侵蚀模数4478t/（km²·a），年均水土流失350851.3t。

（二）本年度治理区社会经济情况

永顺县2017年石漠化综合治理工程理区涉及2个乡镇4个村，2015年，总人口1.38万人，农业人口0.89万人，其中农村劳动力0.81万人。人口密度176人/km²，粮食总产量16068.60t，单位面积产量3.79t/hm²。农民年人均纯收入2836.33元（主要是外出打工的收入）（表1）。

表1 2017年永顺县石漠化综合治理工程治理区基本情况统计表

治理区		合计	牛路河小流域	施烈湖小流域
乡镇数/个		2	1	1
行政村数/个		4	1	3
总人口/万人		1.38	0.41	0.97
农业人口/万人		0.89	0.71	0.18
人口密度/（人/hm²）		176	182	163
农业劳动力/万人		1.08	0.21	0.87
农民人均纯收入/元		2836.33	4258	4251
粮食总产量/t		16068.6	12196.6	3872
单位面积产量/（t/hm²）		3.79	4.06	3.51
土地面积/hm²		7835.26	2277.24	5558.02
岩溶区面积/hm²		3800.01	1720.23	2079.78
治理石漠化面积/hm²	合计	913.5	379.6	533.9
	极重度			
	重度	51.1	31.1	20
	中度	637.1	262.7	374.4
	轻度	225.3	85.8	139.5
土壤侵蚀模数/[t/（km²·a）]		4478	4275	4680

三、设计原则

① 坚持集中治理的原则。尽可能集中连片，形成规模和效益，也便于加强管理。

② 坚持适地适树的原则。工程必须根据立地条件选择造林树种，讲求成效。

③ 坚持生态效益、经济效益相结合的原则。突出生态效益，同时兼顾经济效益，但杜绝破坏生态环境来换取经济利益。

④ 坚持在科学设计的前提下充分尊重农户意愿的原则。

四、设计依据

①《造林技术规程》（DB43/T140—2014）。

②《封山育林技术规程》（DB43/T004—2014）。

③《主要造林树种苗木质量分级》（DB 43/094—2005）。

④《容器苗育苗技术》（LY/T 1000—2013）。

⑤《湖南省人工造林作业设计技术规定》（试行）。

⑥《湖南省封山育林作业设计技术规定》（试行）。

五、设计建设目标

（一）石漠化治理目标

通过对治理区石漠化土地的综合治理，使治理小流域区内中岩溶面积3800.01 hm² 中的913.5 hm²石漠化土地得到有效治理，占永顺县现有石漠化土地面积65531.6 hm²的 1.39%；治理区土壤侵蚀模数由4478.0 t/（km²·a）降到3487.2 t/（km²·a）。

（二）植被恢复目标

通过植被恢复工程建设，建立起比较完备的以林木植被为主体的国土生态安全屏障，治理区新增森林面积862.4 hm²，提高治理区森林覆盖率9.08%，同时使现有 677.7 hm²的疏林地的森林质量得到较大提高，新增木材47120 m³。

（三）农民增收目标

通过营造经济林，实现治理区域农民年人均纯收入增加280元以上。

六、项目建设地点

永顺县2017年岩溶地区石漠化综合治理工程初步设计范围为牛路河小流域，包括灵溪镇的合作村、司城村；施烈湖小流域，包括两岔乡的朵砂村、湖坝村、团结村、两岔村。共涉及2个小流域、2个乡镇、6个村，治理区总面积78.35 km²，其中岩溶区面积 38.00 km²。

七、项目主要建设内容、规模与布局

永顺县2017年岩溶地区石漠化综合治理工程建设内容总规模862.4 hm²。其中：人工造林184.7 hm²（防护林184.7 hm²），封山育林677.7 hm²（补植封山育林677.7 hm²）。分布在灵溪镇的合作村、司城村，两岔乡的朵砂村、湖坝村、团结村、两岔村。共2个乡镇6个村。详见表2。

表2 永顺县2017年石漠化综合治理林草植被恢复建设布局一览表（单位：hm^2）

治理区名称	单位		合计	人工造林		补植封山育林
	乡镇	村		小计	人工造防护林	
永顺县	合计		862.4	184.7	184.7	677.7
牛路河小流域	灵溪镇	合作村	348.5	7.6	7.6	234.5
		司城村				72.8
施烈湖小流域	两岔乡	朵砂村	47.1	24.4		52
		湖坝村	117.7		134.3	64.2
		团结村			42.8	
		两岔村	349.1	119.1		254.2

八、项目建设期

永顺县2017年岩溶地区石漠化综合治理工程建设期为1~5年。

人工造林：2017年11月至2020年11月，建设期3年。

封山育林：2017年11月至2022年11月，建设期5年。

九、环境保护

本设计要求尽量保持原始植被，不准炼山清理，不得全垦整地，山顶、山腰、山脚适当保留原生植被，尽量避开野生动物栖息地域。

十、工程设计

（一）立地类型划分

立地类型的划分是评定林地生产力、拟定营林措施、编制林业经营规划和作业设计、提高造林质量的基础依据。根据治理区的地貌为低山群山的特点，其立地类型的划分主要依据地形（海拔、坡度、坡位）、石漠化程度、土壤等因子进行划分的，同时参考了早先各项林业工程项目的立地类型划分情况。治理区共划分为轻度瘠薄型（Ⅰ）、中度瘠薄型（Ⅱ）、瘠薄型（Ⅲ）3个类型（表3）。

（二）林草植被恢复造林模型表及经营措施模型表

1.造林模型表

造林模型主要根据治理区内的立地类型与适宜树种情况，确定造林树种配置、整地和造林方式、造林密度、种苗规格、幼林抚育管理等一系列种植技术措施，本次共设计3个适宜治理区的造林模型：

模型1——楠木（与柏木混交，生态型），模型2——楠木（与杜仲、香椿混交，生态型），模型3——马尾松（与枫香、栾树、柏木混交，生态型）（表4）。

2.经营措施模型表

根据治理区实际情况，本方案设计1个经营措施类型即模型（一）——补植型：针对林相较差，林中空坪隙地多的疏林地或无立木林地进行设计，采用栾树、枫香等多种阔叶树种补植（表5）。

（三）人工造林技术措施（防护林）

1.楠木＋柏木等混交造林

① 树种选择与配置。本次造林的楠木选用二年生无纺布容器苗，柏木和其他树种采用优良种源或优良林分采集的种子所培育的一年生播种苗，其品种特征：抗病虫性良好，抗寒能力优良；早期生长快，郁闭早。根据造林地立地条件，选择乡土树种进行块状混交，混交比例为5:5（楠木：柏木）。苗木供应就近育苗、就地取苗。

② 整地。整地时间在造林前3个月即9~10月进行。为保护生态环境，减少水土流失，整地方式采用见缝插针式在岩隙间穴垦整地，栽植穴沿等高线布设，穴规格为40cm×40cm×30cm。挖穴后，应就地取材每穴埋山青1~2kg，然后回填表土20cm，再每穴施复合肥0.2kg，用心土覆盖。改善根际土壤水肥气热状况，为苗木生长创造良好立地条件。整地时要注意不能破坏周边的植被，有利于保持水土。

③ 水土保持。除保留原有植被，表土及时还穴，在岩缝间相对较大面积的裸露土面上，还应环山沿等高线每隔20m掘挖竹节沟，上下相互错开，竹节沟规格10cm×10cm，长度依实际情况而定。

④ 栽植密度。根据树种的生物学特性，结合项目建设要求，确定栽植密度为2000株/hm²，造林时应根据实际情况见缝插针布穴。造林苗木全部采用Ⅰ级苗，主要树种在所有的小班采用容器苗造林。

⑤ 主要树种的栽植。造林须组织专业队伍施工，栽植时间为2017年12月至2018年2月，选择雨后或阴天进行；采用马尾松容器苗造林时将容器苗放入种植坑内，周围填土并踏实封严，栽植深度以容器袋顶部埋入土中1.0cm为宜，过浅不利于成活，过深则易造成雨水冲淤；采用裸根苗造林时，做到随取随栽，减少运苗时间。造林前用黄泥浆浆根或用生根粉、保水剂等处理，以利于苗木保持水分；适当深栽，以减少水分蒸腾；若主根过长则截根栽植，以免窝根；压实，使根系和土壤密接。

⑥ 混交树种的栽植。为尽快恢复植被，提高石漠化土地的水土保持功能，改善治理小流域林分的生态环境条件，并提高林分的抗御病虫害的能力，必须营造"针＋阔"块状

表 3　林草植被恢复工程立地类型表

母质母岩	立地类型名称	代号	立地因子									适宜树种
			地形			石漠化现状		土壤		主要植被		树种
			海拔/m	坡位	坡度/°	岩石裸露度/%	石漠化程度	表土层厚度/cm	土层厚度/cm	植物种类	植被盖度/%	
岩溶地区石灰岩类	轻度瘠薄型	Ⅰ	<800	中下部、谷、沟	<35	≥30	轻度、中度	≥10	≥40	马尾松、柏木+枫香、栎树、木荷、杂竹、蕨类、五节芒	<50	柏木、红椿、黄柏、马尾松、栎树、枫香、木荷、油茶、枣等
	中度瘠薄型	Ⅱ		中上部	<35	≥30	轻度、中度	≥10	≥40		<50	
	瘠薄型	Ⅲ		顶部	<35	≥30	重度、中度	≥10	40以下	丝茅	<50	柏木、栎树子、枫香、木荷、马桑、牡荆等

表 4　林草植被恢复种植模型表

植被恢复模式及种植模型号	适宜立地模型号	树种配置			整地		株数（个/hm²）	造林或种植方式			苗木规格			幼林抚育
		主要树种	混交树种	混交方式及比例	方式	规格/cm		基肥	时间	方式	苗木种类	苗高/cm	地径/cm	
人工造防护林 1	Ⅰ、Ⅱ	楠木	柏木	5:5	见缝插针布点穴垦	40×40×30	2000	复合肥0.2kg/株	当年12月至次年2月	植苗	二年生无纺布容器苗	80.0	0.8	前3年每年5~6月刀抚1次和8~9月锄垦1次，结合抚育追肥复合肥1次
											一年生播种苗（柏木）	50.0	0.3	
人工造防护林 2	Ⅰ、Ⅱ	楠木	杜仲、香椿、黄柏	块状混交 楠木、杜仲、香椿、黄柏 4:2:2:2	见缝插针布点穴垦	40×40×30	2000	复合肥0.2kg/株	当年12月至次年2月	植苗	二年生无纺布容器苗	80.0	0.8	前3年每年5~6月刀抚1次和8~9月锄垦1次，结合抚育追肥复合肥1次
											一年生播种苗（杜仲）	80.0	0.8	
											一年生播种苗（香椿）	80.0	0.8	
											二年生无纺布容器苗（黄柏）	80.0	0.6	

植被恢复模式及经营模型号		适宜立地类型号	树种配置			整地		造林或种植方式				苗木规格			幼林抚育
			主要树种	混交树种	混交方式及比例	方式	规格/cm	株数（个/hm²）	基肥	方式	时间	苗木类	苗高/cm	地径/cm	
人工造林防护林	3	Ⅰ、Ⅱ、Ⅲ	马尾松	枫香、柏木、栎树	块状混交马尾松、柏木、枫香、栎树混交比例7:1:1:1	见缝插针点穴垦	40×40×30	2000	复合肥0.2kg/株	植苗	当年12月至次年2月	一年生播种苗	20.0	0.3	前3年每年5~6月刈除1次和8~9月割抚1次，结合抚育追肥复合肥1次
												一年生播种苗（枫香）	80.0	0.8	
												一年生播种苗（柏木）	50.0	0.3	
												一年生播种苗（栎树）	80	0.8	

表 5　林草植被恢复工程经营措施类型表

植被恢复模式及经营模型号		林分选择		适宜立地类型号	经营管理技术措施				备注
		类型	现状		封禁	设置护栏	技术措施	管护	
补植型	（一）	乔木型	林中空坪隙地多，郁闭度0.2以下的疏林地	Ⅰ、Ⅱ、Ⅲ	在封育区的山口、沟口、主要交通路口设置封禁牌，标示四至界限、面积年限、措施等内容，实施全面封禁	在封育地块的山口、沟口、路口，置机械围栏，杜绝牲畜破坏	在林中空地见缝插针进行穴垦补植，补植树种为、枫香、栎树、木荷等多种阔叶树种，补植密度700~800株/hm²	安排专门人员，加强巡护	管护人员管护面积100hm²/人，在小流域内统筹安排

混交林。混交树种与主要树种同一时间栽植，选择雨后或阴天进行；采用适当深栽方法，将根颈萌条活跃区埋入土中，避免不良的环境条件诱发萌芽，也起到用土压制萌条的成长，从而减少萌条发生。栽植深度为苗高的1/3~1/2。

⑦ 幼林抚育。幼林抚育坚持3年，2017~2020年每年安排2次。除草松土宜浅不宜深。造林当年的第1次抚育，注意不动根部土，避免伤害苗木根系。抚育时间要掌握在每年的酷暑来临之前（5~6月）刀抚1次和酷暑结束之后（8~9月）锄抚1次。结合抚育适当施肥。

2. 人工造防护林模型——楠木（杜仲、香椿、黄柏等）混交造林

① 良种。本次造林的楠木为永顺县优良乡土地树种，采用优良种源或优良林分采集的种子所培育的二年生播种苗造林。

② 整地。为保持水土，整地时不破坏原生植被，采用见缝插针的方式在岩缝间沿等高线布点挖穴，穴规格为40 cm×40 cm×30 cm。挖穴时，将心土层翻出，表土置入穴底部。结合整地再每穴施复合肥0.2 kg，用心土覆盖，并回填在穴底1/3处，使底部土质松软。整地时间在2017年的11~12月进行。

③ 水土保持。保留原有植被，表土及时还穴外，在岩缝间相对较大面积的裸露土面上，还应环山沿等高线每隔20 m掘挖竹节沟，上下相互错开，竹节沟断面规格10 cm×10 cm，长度依实际情况而定。

④ 造林密度。楠木（造林模型2）造林初植密度为2000株/hm²，造林时可根据地形见缝插针布穴。

⑤ 营造混交林。楠木混交树种为杜仲等阔叶树，小块状混交，根据造林地立地条件，楠木、杜仲、香椿、黄柏比例4:2:2:2。

⑥ 栽植。栽植的主要技术要点：栽植时间2018年1~2月选择雨后或阴天，采用"三覆二踩一提苗"的造林方法（深栽、栽紧），栽植深度以苗木原土痕埋入土中2~3 cm为宜，做到根舒、苗正、土实。复土要分层踩紧压实，并培成龟背状。同时造林前剪除苗木离地面30 cm以下的侧枝及过长的主根。栽植要由造林专业队进行施工，以确保造林质量。

⑦ 幼林抚育。幼林抚育3年。包括松土、除草、除萌、培蔸、扶正、修枝、施肥、清除绕干藤本等。除草松土宜浅不宜深。造林当年的第1次抚育，注意不动根部土，避免伤害苗木根系。抚育时间要掌握在每年的酷暑来临之前（5~6月）进行刀抚和酷暑结束之后（8~9月）进行锄抚，并结合抚育追施复合肥。

3. 人工造防护林模型——马尾松（枫香、柏木、栾树等）造林

① 良种。马尾松是岩溶区造林的适生树种，采用优良种源或优良林分采集的种子所培育的苗木造林。

② 整地。为保持水土，整地时不破坏原生植被，采用见缝插针的方式在岩缝间沿等高线布点挖穴，采用穴垦整地方式，穴规格为40 cm×40 cm×30 cm。挖穴时，将心土层翻出，表土置入穴底部。结合整地施足底肥，复合肥0.2 kg每穴，表土覆盖，并捶紧压实。

也可以农家肥代用。整地时间在2017年的11月进行。

③ 水土保持。保留原有植被，表土及时还穴外，在岩缝间相对较大面积的裸露土面上，还应环山沿等高线每隔20m掘挖竹节沟，上下相互错开，竹节沟规格10cm×10cm，长度依实际情况而定。

④ 造林密度。马尾松（造林模型3）造林初植密度为2000株/hm²，造林时可根据地形见缝插针布穴。

⑤ 栽植。栽植的主要技术要点：栽植时间2017年12月至2018年2月，选择雨后或阴天进行；栽植时将苗木栽于穴的中央，栽植深度以苗木原土痕埋入土中2~3cm为宜，要求根系舒展，细土回填与根群紧密结合，根系不得在土里卷曲、上翘。覆土后踩紧压实，最后垒土应高于地面10~15cm以防积水。做到根舒、苗正、土实。栽植要由造林专业队进行施工，以确保造林质量。

⑥ 幼林抚育。幼林抚育3年。除草松土宜浅不宜深。造林当年的第1次抚育，注意不动根部土，避免伤害苗木根系。抚育时间要掌握在每年的酷暑来临之前（5~6月）进行刀抚和酷暑结束之后（8~9月）进行锄抚，并结合抚育追施复合肥。

（四）封山育林（补植型）技术措施

1.林分选择

将治理区内的林相较差，林分分布不均，林中空坪隙地多的疏林地或无立木林地，采用人工补植的办法促进天然更新，列为乔木封育类型进行培育。

本年度乔木型面积677.7hm²，占补植型面积的100.0%。

2.竖牌警示

在封育区的山口、沟口、主要路口设置封山禁牌，标示四至界限、面积、年限、措施、责任人等内容，实施全面封禁。禁牌应用混凝土浇制，坚固持久。

3.布告公示

主管部门应在治理区采用广播、布告、标语等形式，明文公示封育制度并采取的奖惩适当措施。

4.设置护栏

在封育地块的山口、沟口、路口等牲畜活动频繁地域，设置机械围栏（铁丝水泥桩或结实木栅）、围壕（沟），机械围栏，或栽植有刺乔、灌木设置生物围栏，杜绝牲畜破坏。

5.补植型育林措施

对封育区林中空坪隙地、植被天然更新能力差的林地，应在林中空地见缝插针进行穴垦补植，补植树种为枫香、栾树、马尾松等乡土阔叶树种，补植密度750株/hm²。

补植育林须组织专业队伍施工，栽植时间为2017年12至2018年2月，选择雨后或阴天，苗木要随起随运随栽，栽植时将蘸过泥浆的苗木栽于穴的中央，栽植深度与苗期土痕位置相同或略深，做到根舒、苗正、土实。复土要分层踩紧压实，并培成龟背状。

6.人工巡护

根据封禁范围大小和人、畜危害程度，设专职或兼职护林员进行巡护。必要时可在山口、沟口及交通要塞设卡，加强封育区管护。在每个治理区内分别安排3名管护人员，在治理区内结合工程造林管护统筹安排。

十一、项目种苗

（一）需苗量

根据树种的栽植密度和面积另加20%的损耗系数进行计算（其中人工造林、补植封山育林均加20%的损耗系数），本项目共需苗木105.32万株，其中，人工造林需苗木44.33万株、封山育林需苗木60.99万株；按树种分，马尾松苗42.89万株、楠木5.02万株、柏木4.14万株、枫香23.55万株、栾树23.55万株、杜仲2.05万株、香椿2.05万株、黄柏2.05万株。

（二）苗木标准

全部要求二级以上标准苗木。

（三）种苗供应方案

永顺县现有各类育苗基地面积500余亩，每年可产马尾松、楠木、黄柏、枫香、栾树等各种合格苗木500多万株。为保障项目造林苗木需要，项目实施单位永顺县林业局要根据项目设计所需苗木种类、数量，提前做好苗木准备，组织就近育苗、定点育苗，苗木供应将在林业部门验收合格的基础上由永顺县林业局统一组织就近调苗或从定点培育的良种育苗基地购进苗木供应到各项目村组。为确保造林成活率，尽量做到造林苗木随起随栽。

（四）种苗管理

种苗是林草植被恢复工程的重要环节，必须全部采用良种壮苗。造林苗木严格执行种苗生产"四证一签"管理制度，凡无"四证一签"的苗木不准调运，不准上山造林；建立健全苗木发放登记卡制度，层层把关，落实责任人，做到验收苗木与栽植苗木数量、品种相符。

十二、森林防护

① 加强组织领导，建立健全护林防火制度。森林防火工作是森林植被恢复建设的重

要工作，必须牢固树立"隐患险于明火，防范胜于救灾，责任重于泰山"消防意识，杜绝森林火灾的发生。在县森林防火指挥部的领导下，各项目乡镇负责人为森林防火第一责任人，明确护林防火人员的责、权、利，建立森林防火联防组织，确定联防区域，规定联防制度和措施。

② 充分依靠政府和社区组织，利用法律法规和乡规民约（护林公约等）对封育区进行管护。封育区要严格野外用火制度，杜绝樵采、挖药、放牧等非林业生产活动。依法护林，对于林火、毁林、盗林案件要坚决进行予以查处、打击。

③ 在相对集中连片的造林地域，在主山垭、山脊、行政界、林班界、小班界等土壤条件较好的地段上营造木荷防火林带；在山边、山脚田边土壤条件较好，交通与管理较为方便的地段可营造杨梅果树等经济型防火林带。防火林带一般沿山脊、山坡、山脚田边延伸，线长面窄，地况复杂，有的地段是现有林，不便进行炼山来清理林地，可全面锄草后再进行整地，新营造防火林带的林地准备可与小班造林同步进行。整地时见缝插绿，最大株行距不超过2m×2.5m，定点挖穴，规格为40cm×40cm×30cm，林带宽度为10~15m，做到挖明穴，回表土。

④ 加强护林防火宣传。在治理区周边及交通要道要设置永久性护林防火宣传橱窗和森林防火宣传牌；利用广播、电视、标语等，加强对治理区及周边居民的宣传教育，大力宣传森林防火知识，增强防火意识，让治理区及周边居民家喻户晓，老少皆知，以保护好项目建设成果。

十三、森林有害生物防治

贯彻"预防为主，科学治理，依法监管，强化责任"的方针，根据林业有害生物发生规律，建立有害生物综合治理的防治体系。

① 加强现有有害生物监测预报体系建设，逐步实现有害生物监测数据的采集、处理、预报和决策。

② 项目建设提倡使用本土树种和种苗，如需从外地引进，必须进行严格的检疫，坚决杜绝外来有害物种和病源、虫源的入侵。

③ 净化环境，在造林、育苗前对林地及周边地区环境进行调查，控制虫源和病源，及时做好林地抚育，注意林地卫生，提高森林自身抵抗有害生物能力，减少病虫害发生率。

④ 有害生物防治以综合防治为主，药物防治为辅，药物防治要尽可能选用高效、长效、低毒、低残留，对环境和有害生物天敌产生的负面影响小的生物药物。

十四、项目投资总概算与资金来源

（一）项目投资总概算

永顺县2017年度岩溶地区石漠化综合治理林草植被恢复工程概算投资为613.07万元，其中：工程建设费530.80万元、占林草植被恢复工程工程概算投资的86.58%，工程建设其他费用53.08万元、占林草植被恢复工程工程概算投资的8.66%，基本预备费29.19万元、占林草植被恢复工程工程概算投资的4.76%。

（二）资金来源

永顺县2017年岩溶地区石漠化综合治理工程建设资金613.07万元，其来源分为：中央预算内投资559.99万元，占91.34%；地方投资53.08万元，占8.66%。地方投入资金来源于县财政资金。

十五、项目建设进度

人工造林按照"整地→种植→抚育和管护"的种植顺序进行，封山育林按照"选地→补植→竖牌围栏→巡护"的程序进行，具体安排如下。

表6 林草植被恢复工程人工造林进度安排表

序号	项目内容	2017年		2018年				2019~2020年			2020年
		11月	12月	1~2月	5~6月	8~9月	12月	1~2月	5~6月	8~9月	10~11月
1	项目招投标	√									
2	材料及工具准备	√									
3	整地	√	√								
4	苗木采购	√	√								
5	栽植		√	√							
6	补植						√	√			
7	抚育、施肥和管理				√	√			√	√	
8	造林阶段验收						√				
9	阶段成效验收										√

表7 林草植被恢复工程封山育林进度安排表

序号	项目内容	2017年	2018年	2019年	2020年	2021年	2022年	
		11~12月	1~12月	1~12月	1~12月	1~12月	1~8月	9~11月
1	项目招投标	√						
2	材料准备	√						

续表

序号	项目内容	2017年 11~12月	2018年 1~12月	2019年 1~12月	2020年 1~12月	2021年 1~12月	2022年 1~8月	2022年 9~11月
3	封育地选择	√						
4	竖碑围栏		√					
5	补植		√	√	√			
6	巡护	√	√	√	√	√	√	√
7	护林防火	√	√	√	√	√	√	√
8	当年成效验收		√					
9	阶段成效验收							√

十六、项目组织

永顺县2017年岩溶地区石漠化综合治理工程的组织与经营管理的管理机构为"永顺县岩溶地区石漠化综合治理工作领导小组",由县政府常务副县长任组长,县发展和改革局、林业局、财政局、农业局、水利局、审计局、监察局、畜牧水产局、农办等职能部门的主要负责人为领导小组成员。领导小组负责制定项目的建设方针、政策、协调内外关系,领导项目的实施。领导小组下设"永顺县岩溶地区石漠化综合治理工程工作领导小组办公室",开展正常管理工作。领导小组办公室设在县发改局,由局领导任办公室主任。办公室根据国家发改委和省发改委的部署,负责全县岩溶地区石漠化综合治理试点工作的组织、规划编制、项目实施、指导协调工作。

十七、管理措施

(一)技术管理

搞好项目规划设计,狠抓工程质量。要严格按照岩溶地区石漠化治理工程的特点和技术规程规范要求,搞好各项工程规划设计,坚持因地制宜、实事求是的原则,切实把好种苗、种植、管护等各个环节质量关,项目竣工后,工程领导小组办公室要组织专业技术人员对项目进行严格验收,确保项目成效。

(二)经营管理

在保证农户利益的前提下,大胆创新,积极鼓励公司、企业、集体、个体大户等社会团体参与生态工程建设,广泛吸纳社会各方资金。在明确权属的基础上,鼓励森林、林木和林地使用权的合理流转,允许各种社会主体通过承包、租赁、转让、拍卖、合作经营等形式参与工程建设。

（三）资金管理

项目建设资金由县领导小组办公室实行集中统一管理，本着保证重点，择优投入的原则，切实加强对资金使用情况的跟踪管理。严格有关财务管理制度，实行专款专用，严禁挤占挪用、截留或用于其他开支；严格资金的审批制度和使用监督制度，管理和使用好项目建设资金。

（四）建设管理

根据岩溶地区石漠化综合治理工程项目管理办法（试行）的规定，鼓励在岩溶地区石漠化综合治理工程建设中参照《关于开展大中型水库移民后期扶持项目民主化建设管理试点工作的指导意见》，推行"村民自建"模式，探索建立村民自建、自管和政府监管服务相结合的民主化建设管理体制。县级林业部门要加强项目建设的指导和监管，并提供技术支持。

十八、效益分析

（一）生态效益分析

① 石漠化土地得到有效治理。通过采取林草植被恢复措施，治理区内862.4 hm² 的石漠化土地均将得到有效治理。

② 增加森林覆盖率。项目实施可提高岩溶地区的森林覆盖率，通过人工造林和封山育林等技术措施，增加有林地面积862.4 hm²，治理区森林覆盖率增加9.08个百分点，森林质量得到一定提高，治理区的生态环境得到改善。

③ 涵养水源。据调查，林相整齐的林分每年可增加蓄水量380 m³/hm²，项目建成后，治理区的植被恢复面积每年可增加涵养水源32.77万 m³。同时，由于涵养水源的增加，不仅可以提高治理区的水利化程度，促进农业稳产，而且可以加大地下水的补给量，从而使表层泉均匀流出，暗河动态更加稳定。

④ 保土保肥效益。项目建成后，治理区的植被恢复面积按每年保土60 t/hm²计算，每年保土量5.17万 t；水土流失强度的降低，有效减少了河流泥砂含量和淤积，对改善沅江及长江中下游地区的生态安全具有重大意义。

⑤ 释放氧气及缓解温室效应。项目实施后，治理区内森林植被增加，通过光合作用大量吸收空气中的二氧化碳气体，释放出更多的氧气，增加空气中的负离子浓度。增加的氧气及负离子浓度提高空气的舒适度，消耗的二氧化碳气体，对缓解因温室气体排泄增加而引起的明显的温室效应有较好的抑制作用。据有关测定资料，每公顷森林每天光合作用要吸收二氧化碳132 kg，放出氧气99 kg；每公顷森林每天呼吸作用放出二氧化碳

43.5 kg，吸收氧气66 kg；两项抵消后，即纯吸收了二氧化碳88.5 kg，放出了氧气33 kg。按新增面积及单位林地年森林释放氧气量计算，全年森林释放氧气量可达2.85万 kg；按工业用氧气生产成本350元/kg的1/2计算，森林释放氧气的效益为每年498.75万元。

⑥ 净化大气效益。根据有关资料，每公顷生长良好的森林，每年可固定尘埃12 t，可吸收二氧化硫0.18 t，据此计算，治理区的植被恢复面积可固定尘埃10349 t，吸收二氧化硫155.23 t。

（二）社会效益分析

① 促进社会经济发展，增加就业机会。本项目建设，需要劳动力的投入，将给治理区提供一定的就业机会，农户可通过参与此项目直接获取一定的经济效益。经概算实施本项目工程，仅营造林生产和管护工作，就需要投入劳力近57475个工日，按每个工日76元计，农民可增加收入436.81万元；需造林苗木112.27万株，可带动农村苗木培育，育苗专业户增加收入56.60万元，对缓减社会就业问题、社会安定团结和农村经济快速发展起到积极的作用。

② 改善生态状况，实现"生态富民"。项目的实施将使治理区森林覆盖率稳步提高，生态状况得到改善，自然灾害将得到有效的控制，从而减少每年因自然灾害造成的经济损失和人员伤亡；人畜饮水困难状况得到改善，人居环境适宜性提高，可促进经济发展、社会稳定，人民安居乐业，实现区域经济社会的可持续发展。

（三）经济效益分析

通过项目建设，治理小流域植被恢复面积862.4 hm²，人工造林树木成林后，防护林按生产90 m³/hm²木材计算，封山育林按每新增45 m³/hm²木材计算，可增加木材47120 m³；每立方米按700元计算，可增加木材收入3298.40万元。

综上所述，永顺县2017年石漠化综合治理林草植被恢复工程的实施，有利于改善各治理区的生态条件，有效遏制其生态状况恶化的势头，改善了治理区群众的生产、生活条件，促进岩溶地区经济的快速发展，有助于岩溶地区实现经济社会的可持续发展。因此，实施岩溶地区石漠化土地林草植被恢复工程的生态效益、社会效益显著，经济效益明显。

永顺县林业局

2017年10月